ゼロ から スタート！

教育系YouTuberまさるの

情報処理
安全確保
支援士

1冊目の教科書

ま

JN039056

KADOKAWA

人気教育系YouTuberが合格へナビゲート！

1冊目の教科書に最適！

セキュリティの基本を楽しく勉強しましょう

教育系 YouTuber

まさる（まさるの勉強部屋 ch）

本書は、「情報処理安全確保支援士（以下 SC と略）」の関連動画で累計 500 万回以上の再生回数を誇る、まさるが執筆しています。数多くの動画を発信してきて、「わかりやすい」と好評を得てきた解説を、本書に凝縮！

STEP 1　本書の4大ポイント！

1 人気 YouTuber が解説！

2020 年から YouTube にて IT 関連の情報発信を始め、2023 年で登録者数は 4 万人。SC 関連動画が、視聴者から絶大な支持を得ています。

2 第一歩に最適なレベル感！

はじめから本格テキストに取り組むのもいいですが、本書で基礎となる重要ポイントをつかんでおくと、本格テキストの理解度と理解スピードが高まります。

3 10 時間で読み切れる見開き構成

SC 試験に必要な基礎知識を 1 冊に凝縮。全項目が見開きで、左にやさしい解説、右に図やイラストを掲載。難しいテーマでも楽しく読み進められます。

4 わかりやすいカラー図解

全ページカラーのため、もちろん図解もカラー！　情報セキュリティの難解な仕組みが、わかりやすい4色の図解で眺められます。

STEP 2 合格への**確実な一歩**が踏み出せる

SC資格は，取得すれば情報セキュリティのプロとみなされる代わりに，試験レベルは相当に高いです。さらに，聞き慣れない用語が次々に出てきますから，急にSCの森に分け入ってしまっては，ゴールにスムーズにたどり着くことは難しいでしょう。まずは本書で試験の全体像を眺めて，キーとなるテーマを把握することで，ゴール（合格）にたどりつきやすくなります。

STEP 3 わかりやすく学べる**紙面のヒミツ！**

本書の構成は，次のようになっています。

1 導入文
各テーマの概要を端的に紹介！
俯瞰の視点で理解が深まる

3 図解
視覚的に学べるから，難解な仕組みもよくわかる！

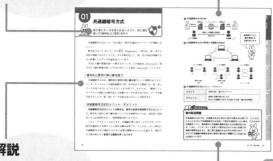

2 解説
やさしくかみ砕いた解説で，初学者でも読みやすい！

4 ワンポイント
各テーマの重要ポイントや＋αの知識を解説

合格を実現！
無理なく学んでいけるから，
挫折せずにゴールに到達できる！

Map 本書で学ぶこと

本書は全9章構成で，学習の流れは，大きく3つの段階を想定しています。全体を把握してから読み始めると，知識が整理しやすくなりますよ！

Step3

最後に，試験対策としてよく問われる技術について学びましょう。ここまで到達できれば，他の参考書や過去問題が理解しやすくなります

Step2

範囲をしぼってセキュリティ技術を学びます。どの範囲を守るためにどんなセキュリティ技術があるのか学びましょう

Step1

最初にセキュリティの基本を学びます。暗号技術，認証技術はセキュリティ技術の根幹です。ここを理解すると，後の章が理解しやすくなります

試験対策

第6章 メールセキュリティ
第7章 HTTPセキュリティ
第8章 不正アクセスと
　　　 攻撃手法
第9章 注目の技術

範囲ごとの
セキュリティ

第3章 ネットワーク
　　　 セキュリティ
第4章 サーバ
　　　 セキュリティ
第5章 クライアント
　　　 セキュリティ

セキュリティ
の基本

第1章 暗号技術
第2章 認証技術

はじめに

　ある日執筆の依頼が届きました。依頼内容は「これから情報処理安全確保支援士試験の勉強をしたい人が1冊目の教科書として基本を理解できる本をつくってほしい」というもの。

　「セキュリティは難しい」「参考書はたくさんあるけど内容が難しくて理解できない」という相談を，視聴者さんや周りの方からよくいただいていたので，そのような方が喜んでくれるような教科書をつくろうと決めました。

　しかし，執筆を進めていくとなかなか思ったように書けません。なんだか真面目すぎて，他の参考書と代わり映えしないのです。
　そこで楽しく学べる工夫として動画をつくることにしました。本書は私のYouTubeチャンネルと連動しています。動画では各技術についてインプットした後に，おまけ動画が流れます。おまけ動画ではキャバ嬢，落語家などさまざまなキャラクターがあなたの勉強を手助けしてくれるはずです。

　読者の皆さんが本書を使って楽しくセキュリティの基本を学び，情報処理安全確保支援士試験に合格することを心から願っております。

教育系YouTuber まさる

みなさんこんにちは，左門至峰です。ネットワークスペシャリスト試験や情報処理安全確保支援士試験の対策本を何冊か書かせてもらっています。

　さて，この本の著者である「まさる」さんから突然ご連絡をいただきました。私は存じ上げなかったのですが，累計500万回以上の再生回数を誇る人気YouTuberとのこと。たしかに，私が収集した合格体験談を紐解くと，「まさるの勉強部屋」（YouTubeチャンネル）がとてもためになったという人がいました。かつての合格体験談にYouTubeを使って勉強したという人はいなかったので，時代が変わったなと驚いたものです。

　YouTuberは誰でも簡単になれます。ですが，人気を集めるのはごく一部。おそらく，時代のニーズをとらえ，相当な工夫をしながら，根気よく継続されたと思います。そんなYouTuberまさるさんの本ですが，どんな本を書かれるのか，楽しみでした。時代にマッチした本だろうなと思っていたところ，タイトルに「1冊目の教科書」とあります。「なるほど！」と思いました。支援士を合格したい，だけど何から始めていいかわからない，その層を狙った本だとすぐにわかりました。まさしく他にはない1冊です。

　工夫は，内容だけでなく，本の作りにもあります。すべてのキーワードを見開き2ページで解説，左側が解説，右側が図という構成です。また，他社は分厚い本であるのに，この本はポイントを絞って解説をされ，全部で224ページ。手に取っても重くないサイズの本に仕上がっています。

　この試験の範囲は膨大です。すべてのキーワードを完璧に理解することはできません。ですが，合格ラインはたったの6割です。まずは本書を使って基礎を押さえ，その基礎知識を持って過去問対策を進めてもらう。それが，現代の忙しい皆さんにとって，効率的な学習と言えるでしょう。

さ もん し ほう
左門至峰

① 「情報処理安全確保支援士」試験概要

　情報処理安全確保支援士試験は，合格者をセキュリティの専門家として認定するための国家試験です。試験勉強を通じて，現在のセキュリティに対する考え方や利用されているセキュリティ技術について，学ぶことができます。情報処理安全確保支援士は難易度の高い国家資格としても知られており，合格すればセキュリティの専門家として認められます。試験は毎年春と秋の２回実施され，出題形式は午前Ⅰ，午前Ⅱ，午後に分かれています（令和５年度秋期試験から午後Ⅰ・午後Ⅱは統合されます）。午前Ⅰ，午前Ⅱは多肢選択式で出題，午後試験は記述式で出題されます。合格基準点はそれぞれ60点です。

　試験は多段階選抜方式で，いわゆる足切り方式です。**各試験で合格点に満たない場合，それ以降の答案は採点されません**。たとえば，午前Ⅰが不合格の場合，それ以降の午前Ⅱ，午後試験の答案は採点されません。

午前Ⅰ試験と免除制度

　午前Ⅰは高度共通といわれる試験です。情報処理技術者試験の高度試験を受ける人は，共通で同じ午前Ⅰ試験を受験します。出題範囲は，応用情報技術者試験の午前問題の範囲から出題されます。

　午前Ⅰ試験は免除制度があり，条件に当てはまる人は，**午前Ⅰ試験が免除されます**。免除条件は，①応用情報技術者試験合格，②情報処理技術者試験の高度試験，情報処理安全確保支援士試験のいずれかに合格，③情報処理技術者試験の高度試験，情報処理安全確保支援士試験の午前Ⅰ試験で基準点以上の成績をとる。この①〜③いずれか一つを満たすことです（その後２年間に限る）。なお，免除対象であっても，申込時に**免除申請をしなくては免除を受けられない**ので注意が必要です。

◎ 情報処理安全確保支援士概要

午前Ⅰは応用情報技術者試験
の範囲から出題
免除制度あり

午後試験は1つに統合
時間は150分
4問から2問を選択する

試験区分	午前Ⅰ		午前Ⅱ		午後	
	9:30～10:20 （50分）		10:50～11:30 （40分）		12:30～15:00 （150分）	
	出題形式	出題数 解答数	出題形式	出題数 解答数	出題形式	出題数 解答数
情報処理安全確保 支援士試験	多肢選択式 （四肢択一） 共通問題	30問 30問	多肢選択式 （四肢択一）	25問 25問	記述式	4問 2問

出典　https://www.jitec.ipa.go.jp/1_13download/youkou_ver5_1_henkou.pdf

午前試験での足切りには十分注意

　情報処理安全確保支援士試験は多段階選抜方式です。午前試験に合格でき
なければ，どんなに午後試験で高得点を取れたとしても採点すらしてもらえ
ません。午前Ⅰ免除制度を利用できる場合は免除制度を忘れず利用し，免除
対象でない人はしっかり午前対策をしましょう。せっかく午後試験を頑張っ
たのに，足切りによって採点してもらえないのはもったいないです。

合格後の登録，更新

　情報処理安全確保支援士試験に合格すると，情報処理安全確保支援士登
録対象になります。登録する場合の費用は登録免許税 9,000 円，登録手数
料 10,700 円です。さらに，人材の質を担保する仕組みとして，登録資格は
3 年ごとに更新が必要です。1 年に 1 回のオンライン講習の講習受講費用が
20,000 円。3 年に 1 回の実践講習の費用が 80,000 円です（講習によって
受講料は異なります。情報は変更される可能性があるので詳細は IPA ＜独
立行政法人 情報処理推進機構＞のサイトにてご確認ください）。

登録後の業務

　情報処理安全確保支援士は，セキュアなシステムの企画，開発，運用の支援や，セキュリティ対策の実施状況について指導や助言を行うとともに，企業でのサイバーセキュリティの確保を支援する業務が想定されます。

制度活用のメリット

　日本企業において，セキュリティ人材の不足は深刻なものになっています。社会に認知されている情報処理安全確保支援士の資格を持つことは，セキュリティ知識を持つ証明になります。さらに，情報処理安全確保支援士の配備が入札要件となる案件が増加しているというデータもあり，情報処理安全確保支援士を取得するメリットは高まっているといえます。

　とはいえ，情報処理安全確保支援士への登録，更新には費用がかかります。会社が費用を負担してくれる場合は良いのですが，個人で登録して制度を利用する場合には，費用に見合うメリットがあるか，慎重な判断が必要です。

情報処理安全確保支援士の価値

　先日ある会社でセミナーをさせていただける機会があり，そこで「一番取得して良かった資格は何ですか？」というご質問をいただきました。私は「情報処理安全確保支援士です」とお答えしました。それは，セキュリティに限らず，IT技術全体の理解を深められ，エンジニアとしての価値が高まったことも実感したからです。

　情報処理安全確保支援士試験を勉強する前は自分に関わる領域のことしかわからず，他部署の人とのコミュニケーションに苦労していました。情報処理安全確保支援士試験は勉強範囲が広く大変なのですが，その分，幅広いIT技術を学ぶことができます。私の場合，合格後は他部署の人ともコミュニケーションが取りやすくなり，結果的に仕事が進めやすくなりました。

　さらに，情報処理安全確保支援士試験の合格は自分のキャリアにとって大きな一歩となりました。参画できる案件も増えて，自分が挑戦したい仕事を選べるようになりました。エンジニアとして評価がかなり上がったと実感しています。

② うっかり注意！ 受験で気をつけるべきこと

　情報処理安全確保支援士試験は年２回しか実施されません。限られたチャンスで合格できるように試験実施までのスケジュールを事前に計画しましょう。**受験申込受付期間は受験日の約２か月前**からです。受付期間は約３週間しかないことに注意してください。この期間中に受験申込をしなくては，試験を受けられません。うっかり申し込むのを忘れる人が多いので，試験申込は別名「０次試験」と言われることもあります。申込を忘れないために，早めに試験申込開始日を確認して，スケジュール帳に記載しておきましょう。

　午前Ⅰ試験の免除制度を利用できる方は，試験申込時に忘れず免除申請を行ってください。午前Ⅰ試験の免除は，申請しなければ適用されないので，忘れずに**免除申請をしましょう**。試験申込の完了後，試験のおよそ２週間前に受験票が手元に届きます。受験票には写真（大きさ縦4cm×横3cm）の貼りつけが必要です。当日写真を用意しようとすると，証明写真機が混んでいたり，写真を撮ったけれどハサミがない，ノリがないなど，焦ることになります。**受験票の写真は事前に貼りつけて，当日は余裕をもって試験に臨めるようにしましょう。**

試験当日の気をつけること

　試験日は休日であることが多く，その場合，当然ながら**公共交通機関は休日ダイヤで運行**しています。平日ダイヤの感覚で受験地までの道のりを予定すると，思ったよりも時間がかかってしまうこともあります。そういった不測の事態も織り込んで，当日は時間に余裕をもって出発しましょう。

　また忘れ物にも注意してください。とくに，**受験票を忘れると受験できない**ので，必ず持参しましょう。受験中に机に置けるものは，受験票，黒鉛筆およびシャープペンシル（BまたはHB），鉛筆削り，消しゴム，定規，時計，ハンカチ，ポケットティッシュ，目薬です。目薬などは必要に応じてもっていきましょう。**忘れがちなのは時計です**。受験中すぐに時間を確認できるよ

うに，腕時計も必ず持参しましょう。

受験までのスケジュール（近年の状況）

◆ ホームページから受験申込

https://www.jitec.ipa.go.jp/ （インターネット申込のみ）

春期：1月中旬から約3週間／秋期：7月上旬から約3週間

↓

◆ 申込画面にアクセス

申込手順にしたがって必要事項を入力 （受験手数料 7,500 円）

↓

◆ 受験票の発送

春期：3月下旬／秋期：9月下旬

↓

◆ 試験日

春期：4月中旬／秋期：10月中旬

↓

◆ 合格発表

春期：6月下旬／秋期：12月下旬

↓

◆ 合格証書交付

合格証書は受験票の住所に送付

※最新の試験情報は，必ず情報処理推進機構 HP を確認してください。

最後の最後にしっかり確認！

　受験票の写真貼付は，受験日前日までに済ませておきましょう。試験当日は早めに出発して，時間と心に余裕をもって試験会場に到着してください。繰り返しますが，腕時計は忘れがちなので注意しましょう。

③ 不安解消でやる気 UP！ 受験に関する Q & A

　情報処理安全確保支援士試験の受験についてよく聞かれる質問にお答えします。

Q. セキュリティの実務経験がないのですが，合格は可能ですか？

A. 合格可能

　IPA が公開している統計資料によると，IT 関連職以外の社会人や学生も合格しています。セキュリティについての興味関心があれば，どんな人でも合格できる可能性があります。

Q. 難しすぎて合格できる気がしないです

A. 一度で合格を目指さなくても OK

　情報処理安全確保支援士は高度試験であり，簡単に合格できる試験ではありません。私の場合は，一度で合格しようとせずに 2 回で合格する計画を立てました。1 回目の受験では，午前Ⅰと午前Ⅱに合格。2 回目では，午前Ⅰ免除を利用し，セキュリティの勉強に注力して，午前Ⅱ，午後Ⅰ，午後Ⅱ（令和 5 年春期試験までは，午後試験が二つに分かれていました）に合格することができました。焦らず少しずつ合格に向けて勉強を続けていきましょう。勉強を続ければ，絶対合格できます。

Q. 過去問はどれくらいやるべきですか

A. 過去 2 〜 3 年程度がおすすめ

　情報処理安全確保支援士試験はその時代の状況に沿った問題が出題されます。新しい順に過去問を解いて，出題傾向を学びましょう。

Q. 過去問が難しくて理解できません

A. 自分にあったコンテンツを見つけましょう

　過去問解説は事前知識がある人向けに解説されていることが多く，理解が難しい場合もあります。そのようなときは，参考書，インターネット，動画などの別コンテンツを使ってわからない部分の情報収集をしましょう。複数のコンテンツから情報収集することで，同じ技術でも違った視点からの情報が得られます。

Q. どうやったらやる気が出ますか

A. 勉強するタイミングにメリハリをつけましょう

　いつ勉強するのか決めていますか？　私は朝のカフェ，仕事後のカフェで勉強していました。一方，自宅では勉強しないと決めていました。やる気が出ない人は，ずっと勉強をやろうとしているがんばり屋さんなのかもしれません。勉強しないタイミングも決め，メリハリをつけましょう。

Q. それでもやる気が出ません

A. 一緒に勉強する人を見つけましょう

　SNSや勉強会のイベントなどで同じ目標に向かって勉強する人を見つけて一緒に勉強することでモチベーションは維持されやすく，自分の知識不足を補うことができます。行動して，自分がやる気を出して勉強できる環境を作っていきましょう。

Q. 一緒に勉強する人が見つかりません

A. 私（まさる）じゃだめですか？

　私はYouTubeやTwitterで情報発信をしています。私がペアで一緒に勉強することはできませんが，あなたの勉強を応援しています。動画を見て，一緒に勉強する気分を少しでも感じていただければうれしいです。

Contents 教育系 YouTuber まさるの 情報処理安全確保支援士 1 冊目の教科書

第 1 章

暗号技術

認証技術

第3章
ネットワークセキュリティ

第6章

メールセキュリティ

第7章

HTTPセキュリティ

第8章

不正アクセスと攻撃手法

注目の技術

DTP　株式会社 協同プレス
本文デザイン　ISSHIKI
本文イラスト（うさぎ）　Tossan

※うさぎのイラストは Tossan によるオリジナルイラストであり，本書固有，著者固有のキャラクターではございません。

本書は，原則として 2023 年 8 月時点での情報を基に原稿の執筆・編集を行っています。試験に関する最新情報は，試験実施機関のウェブサイト等でご確認ください。

第 1 章

暗号技術

情報セキュリティは，情報の機密性，完全性，
可用性を確保することと定義されています。
暗号技術は機密性と完全性を支える重要な技術です。

01 共通鍵暗号方式

第三者にデータを見られないように，同じ鍵を
使って「暗号化」と「復号」を行う

　共通鍵暗号方式について学ぶ前に，暗号化通信のキーワードを理解しましょう。

　暗号化されていないデータは平文（Plaintext）と呼ばれ，第三者でも内容を理解できるデータです。平文を暗号化して，第三者に内容が理解できない状態にしたデータを暗号文といいます。

　平文から鍵の情報を使って暗号文をつくることを暗号化（Encrypt），暗号文から鍵の情報を使って平文に戻すことを復号（Decrypt）といいます。

暗号化と復号に同じ鍵を使う

　共通鍵暗号方式は，**暗号化と復号に同じ鍵を使う**という特徴があります。インターネットのような通信経路中に第三者が存在する環境では，第三者にデータを見られないようにすることが大切です。そのため，一般的にインターネットの通信では暗号化した状態でデータを送り合います。データを暗号化することで，第三者にデータを盗み見られることを防ぎます。

共通鍵暗号方式のメリット・デメリット

　共通鍵暗号方式のメリットは暗号化，復号の処理を短時間で行えることです。暗号化と復号に同じ鍵を使うシンプルな処理を行うため，送信者と受信者ともに計算量が少なく，処理時間は短くなります。

　しかし，デメリットもあります。共通鍵は使い回すことができないので，暗号化通信をする相手ごとに異なる鍵が必要です。たとえば，n 人と相互に共通鍵暗号方式で通信するために必要な鍵数は n(n-1)/2 個です。通信する人数が増えると**管理する鍵数が多くなります**。

◎ 共通鍵暗号方式の例

平文　暗号化　暗号文　インターネット　暗号文　復号　平文

事前に共通鍵の情報を共有する

共通鍵　　　共通鍵

通信相手ごとに
鍵を管理する
必要があります

◎ 共通鍵暗号方式で管理する鍵数の求め方

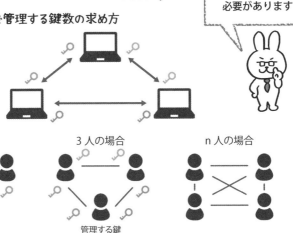

2人の場合	3人の場合	n人の場合
管理する鍵 1個	管理する鍵 3個	n(n−1)/2個

◎ 共通鍵暗号方式のメリット・デメリット

メリット	処理が速い（最大のメリット！）
デメリット	管理する鍵の数が多くなる 安全に共通鍵を共有する仕組みが必要（鍵の配送問題）

ワンポイント

鍵の配送問題

共通鍵暗号方式では，共通鍵を安全に相手に渡す仕組みが必要です。たとえば，AさんとBさんで共通鍵暗号方式を使って暗号化通信をしたい場合，どちらかが共通鍵をつくり，通信相手に共通鍵の情報を知らせる必要があります。しかし，インターネットを使って暗号化されていない状態で共通鍵の情報を伝えると，第三者に盗聴されるおそれがあります。このように**共通鍵の情報を安全に相手に渡せない問題**のことを鍵の配送問題といいます。

ブロック暗号とストリーム暗号

共通鍵暗号方式には「ブロック暗号」と「ストリーム暗号」がある

　ブロック暗号はブロック単位，ストリーム暗号は1ビット等の小さい単位で暗号化します。それぞれの特徴を理解しましょう。

かたまりをまとめて暗号化する「ブロック暗号」

　ブロック暗号とは，ある特定の大きさのかたまりをまとめて暗号化する方式です。そのかたまりのことをブロックといいます。ブロックの大きさはブロック長によって定義されます。ブロック長ごとに暗号化，復号を行います。

　代表的なブロック暗号の暗号化アルゴリズムは DES，3DES，AES，Camellia です。現在利用が推奨されている暗号化アルゴリズムは AES と Camellia で，128 ビットのブロック長です。

　また，暗号化には鍵の情報が必要です。鍵の長さは鍵長によって定義されます。AES の鍵長は 128，192，256 ビットの中から選択することができます。選択する鍵長を長くすればセキュリティ強度は高くなりますが，その分，処理に時間がかかります。

流れに沿って順次暗号化する「ストリーム暗号」

　ストリーム暗号のストリームとは「流れ」という意味です。1 ビット，8 ビット，32 ビットなどの単位で，**流れに沿って暗号化と復号が順次行われます**。暗号化，復号を順次行うので高速に処理できます。そのため，動画配信などのリアルタイム性が求められる通信は，ストリーム暗号が利用されることが多いです。

　代表的なストリーム暗号の暗号化アルゴリズムは RC4，KCipher-2 です。2023 年 8 月時点で，推奨されているストリーム暗号の暗号化アルゴリズムは KCipher-2 です。

◎ ブロック暗号

ブロック長 128 ビットの場合

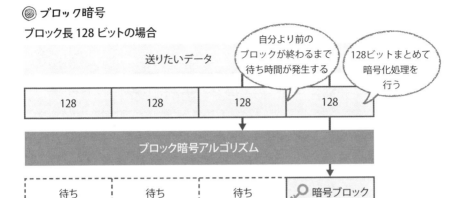

◎ ストリーム暗号

1 ビットずつ暗号化する場合

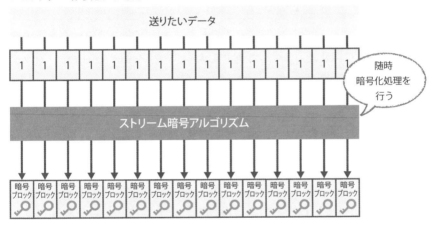

ワンポイント

利用が推奨されている共通鍵暗号方式は要チェック

2023 年 8 月時点で推奨されている共通鍵暗号方式は，128 ビットのブロック暗号が AES，Camellia，ストリーム暗号は KCipher-2 です。午後の事例問題で非推奨の暗号技術が登場した場合，その暗号技術が非推奨であることを理解して問題を読み進めることで正解できる場合があります。

ブロック暗号方式の暗号モード

ブロック暗号方式は，どのように暗号化する
のか？　代表的な2つのモードを理解しよう

　ブロック暗号方式とは，データを固定のブロック長に分けて，暗号化する方式です。暗号化したいデータが一つのブロックで収まらない場合は，複数ブロックに分けます。すべてのブロックを暗号化しますが，各ブロックをどのように暗号化するかは，暗号モードによって異なります。ここでは，基本的な暗号モードのECBモードとCBCモードを紹介します。

最もシンプルな「ECBモード」

　ECBモードは最もシンプルな暗号モードです。**平文のブロックをそのまま暗号ブロックに変換**します。暗号化したいデータを頭から固定のブロック長に分けていき，最後のブロックが固定のブロック長に満たない場合は，パディングというデータを詰めてブロック長に合ったブロックをつくり，暗号化を行います。ECBモードでは，平文ブロックと暗号ブロックの関係性が固定的になるので，攻撃者は対応関係を容易に推測，解析できます（2023年8月現在，ECBモードは非推奨の暗号モード）。

解析されにくい「CBCモード」

　ECBモードは解析されやすいという弱点がありましたが，CBCモードはその弱点をカバーした暗号モードです。**CBCモードは，一つ前の暗号ブロックの情報を混ぜて次のブロックを暗号化します。**

　最初のブロックの暗号化は，初期化ベクトル（ランダムにつくられるビット列で，IVと略される）と平文ブロックをXORで計算して，その結果を暗号化します。それ以降のブロックは，前の暗号ブロックと平文ブロックをXORで計算して，その結果を暗号化します。このように暗号化することで，平文ブロックと暗号ブロックの対応関係が固定的でなくなります。

◎ ECB モード

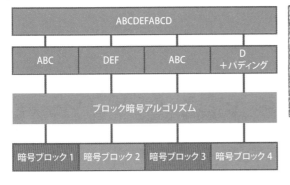

暗号ブロック1と
暗号ブロック3が
同じなので,
平文ブロックが
同じであると
推測できます

◎ CBC モード

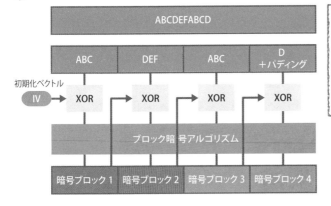

同じ暗号ブロックが
存在しないので,
対応関係から
平文ブロックを
推測するのが
困難になります

✎ ワンポイント

略称が覚えにくいときは「何の略なのか」を考える

ECB は Electronic CodeBook mode の略で,「電子符号表モード」と訳されます。平文ブロックと暗号ブロックの対応表をつくって暗号化を行うという意味があります。CBC は Cipher Block Chaining mode の略で,「暗号ブロック連鎖モード」と訳されます。前の暗号ブロックと連鎖的に暗号化を行うという意味があります。特に Chaining (連鎖)という言葉を覚えておけば,前のブロックと結びついて暗号化しているイメージがしやすくなります。

04 公開鍵暗号方式

「公開鍵」と「秘密鍵」の鍵ペアを使って暗号化と
復号を行う

公開鍵暗号方式は**公開鍵と秘密鍵の鍵ペアを使って暗号化通信**を行います。受信者は公開鍵と秘密鍵のペアをつくり，公開鍵を送信者に配布します。送信者は公開鍵を使ってデータの暗号化を行い，暗号文を受信者に送ります。受信者は公開鍵とペアでつくった秘密鍵を使って，暗号文を復号します。「誰が何の鍵を使うのか」が混乱しやすいので，右の図でよく理解しましょう。

公開鍵暗号方式の流れ

公開鍵暗号方式は受信者が鍵ペアを作成します。鍵ペアというのは暗号化通信をしたい送信者に渡す**公開鍵**と受信者が管理する**秘密鍵**のペアのことです。この鍵は２つで一対です。公開鍵を使って暗号化すれば，秘密鍵で復号できます。その反対に秘密鍵で暗号化すれば，公開鍵で復号できる仕組みになっています。

受信者は自分にデータを送りたい送信者に対して公開鍵を配布しますが，悪意のある第三者がこの公開鍵を手に入れたとしても問題ありません。公開鍵は秘密にする必要がないので**共通鍵暗号方式の鍵の配送問題を解決**することができます。しかし，受信者は秘密鍵を漏洩しないように厳重に管理する必要があります。秘密鍵が漏洩すると，その秘密鍵を手にした第三者も暗号データを復号できてしまうからです。

公開鍵を手に入れた送信者は，公開鍵を使ってデータを暗号化して受信者に送ります。受信者は秘密鍵を使い，暗号化されたデータを復号することで暗号化通信を実現します。

さらに，公開鍵暗号方式は**管理する鍵の数が少ない**という特徴があります。n 人で通信する場合の鍵数は 2n で求められます。

◎ 公開鍵暗号方式の流れ

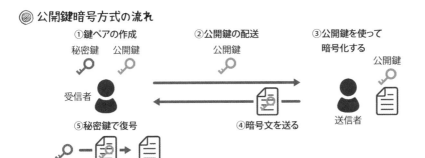

◎ 公開鍵で管理する鍵の数

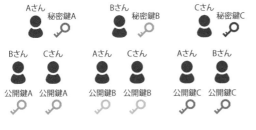

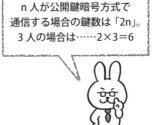

n人が公開鍵暗号方式で
通信する場合の鍵数は「2n」。
3人の場合は……2×3＝6

◎ 公開鍵の問題

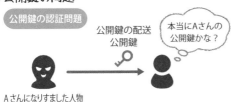

公開鍵の認証問題

公開鍵の配送
公開鍵

本当にAさんの
公開鍵かな？

Aさんになりすました人物

共通鍵暗号方式と比べて処理が遅い

共通鍵暗号方式 ＞ 公開鍵暗号方式

📖✐ ワンポイント

公開鍵暗号方式の問題

公開鍵暗号方式は鍵の配送問題を解決できますが，共通鍵暗号方式に比べて計算処理が複雑なため，処理時間が遅くなります。さらに公開鍵が本当に通信相手の公開鍵なのか確認しなくてはならないという**公開鍵の認証問題**も存在します。入手した公開鍵の正当性を確認する手段がなければ，なりすました第三者と暗号化通信をしてしまう可能性があります。

05 公開鍵暗号方式で利用される RSA

「RSA」はどのように暗号化，復号を行うのか？

　RSA は 1970 年代後半に開発された暗号アルゴリズムです。RSA は**公開鍵暗号の署名と守秘に利用**されます。

　RSA の安全性を担保する仕組みは，**桁数の大きな整数を素因数分解するのが困難である特性**を利用しています。

　暗号化，復号化するために使う計算式は「暗号文＝平文 E 乗 modN」「平文＝暗号文 D 乗 modN」です（計算式を覚える必要はありません）。鍵ペアに当てはめると公開鍵が E と N，秘密鍵が D と N です。

実際に計算してみよう

　PC の関数電卓機能を使えば簡単に計算できます。実際に数字を当てはめて計算してみましょう。公開鍵として E ＝ 5，N ＝ 323，秘密鍵として D ＝ 29，N ＝ 323 の場合を計算してみます。

　E ＝ 5 と N ＝ 323 は公開鍵の情報なので公開することができます。公開鍵を手にした送信者は，受信者に送りたい平文を，公開鍵の情報を使って暗号化します。

　平文が 11 の場合で考えてみます。11 の 5 乗 mod323 を計算すると 197 になり，この値が暗号文に該当します。暗号文として 197 の情報を受信者に送ります。受信者は 197 という暗号文を復号するために，197 の 29 乗 mod323 で計算します。結果は 11 となり，無事に平文と同じとなったことがわかりました。

　このような計算方法で RSA を利用した暗号化通信が行われます。

◎ RSA の計算式と例

Rivest　Shamir　Adleman

RSA は発明者 3 人の頭文字から
命名されています

RSA の式

暗号文＝平文 E 乗 modN
平文＝暗号文 D 乗 modN

計算してみよう

（公開鍵）E＝5，N＝323
（秘密鍵）D＝29，N＝323
平文＝11

①鍵ペアの作成

秘密鍵　　公開鍵

受信者

②公開鍵の配送

公開鍵

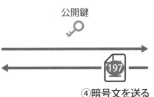

③公開鍵を使って暗号化する

公開鍵

送信者

⑤秘密鍵で復号

秘密鍵を使って復号する
平文＝暗号文 D 乗 modN

実際の計算
11＝197 の 29 乗 mod323

④暗号文を送る

公開鍵を使って計算する
暗号文＝平文 E 乗 modN

実際の計算
197＝11 の 5 乗 mod323

📖 ワンポイント

素因数分解するのが困難とは？

「桁数の大きな整数を素因数分解するのが困難」とは何なのかイメージが難しいと思います。簡単な計算をしてみましょう。191 と 907 という 2 つの素数を用意して掛け算をします。191 × 907 は 173,237 です。では，この 173,237 という値はどんな素数を掛けるとできる値か，計算することはできますか？　これが難しいのです。効率的に計算する方法が発見されていないため，RSA は安全だと言われています。しかし，桁数が少ないとコンピュータで計算できてしまうので，桁数を大きくすることで安全性を高める必要があります。

06 ハイブリッド暗号方式

「共通鍵暗号方式」と「公開鍵暗号方式」の問題を
解決する暗号方式

　共通鍵暗号方式には，共通鍵の情報を安全に相手に渡さなくては暗号通信ができないという鍵の配送問題があり，公開鍵暗号方式には共通鍵暗号方式に比べて処理が遅いという問題があります。**ハイブリッド暗号方式は，共通鍵暗号方式と公開鍵暗号方式を組み合わせて使うことで両方の問題を解決します。**

暗号化通信の共通鍵「セッション鍵」

　ハイブリッド暗号方式は，やりとりするメッセージを共通鍵で暗号化します。このときに利用する共通鍵をセッション鍵といいます。セッション鍵は共通鍵として利用するため，高速な処理が可能です。

ハイブリッド暗号方式の流れ

　セッション鍵は共通鍵なので安全に相手に渡す必要があります。そこで公開鍵暗号方式を使って相手にセッション鍵を渡します。暗号化通信したい送信者は受信者の公開鍵を入手します。送信者はセッション鍵を生成して，受信者の公開鍵を使ってセッション鍵を暗号化します。送信者は暗号化したセッション鍵と，セッション鍵で暗号化した暗号文を相手に送ります。

　復号をする場合も考えてみましょう。受信者は暗号文を復号するために，セッション鍵が必要です。セッション鍵は受信者の公開鍵で暗号化されているので秘密鍵を使って復号することでセッション鍵を取り出すことができます。取り出したセッション鍵を使って暗号文を復号すれば，受信者は平文を取り出すことができます。**このように公開鍵暗号方式を利用して共通鍵を相手に渡す方法がハイブリッド暗号方式です。**

◎ ハイブリッド暗号方式の特徴

共通鍵暗号方式

【良い所】処理が速い
【問　題】鍵を安全に配送しなくては
　　　　　いけない（鍵の配送問題）

公開鍵暗号方式

【良い所】鍵の配送が安全に行える
【問　題】処理が遅い

ハイブリッド暗号方式

共通鍵暗号方式と公開鍵暗号方式の
良い所を組み合わせる

◎ ハイブリッド暗号方式の暗号化の流れ

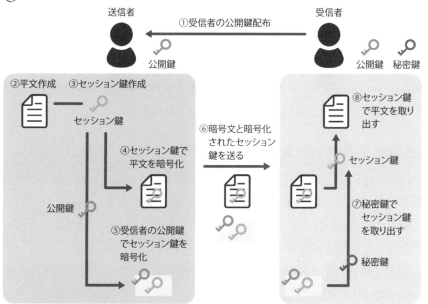

送信者

①受信者の公開鍵配布

受信者

公開鍵

公開鍵　秘密鍵

②平文作成　③セッション鍵作成

セッション鍵

④セッション鍵で
平文を暗号化

⑥暗号文と暗号化
されたセッション
鍵を送る

⑧セッション鍵
で平文を取り
出す

セッション鍵

公開鍵

⑦秘密鍵で
セッション鍵
を取り出す

⑤受信者の公開鍵
でセッション鍵を
暗号化

秘密鍵

✏ ワンポイント

疑似乱数生成器とは？

ハイブリッド暗号方式のセッション鍵は，疑似乱数生成器で生成さ
れます。疑似乱数生成機は，一定の計算をすることで乱数（ランダ
ムな値）をつくります。セッション鍵を乱数でつくることで，攻撃
者が予測できないセッション鍵がつくれます。疑似乱数生成器のつ
くりが良くないと乱数が推測される可能性があるため，注意が必要
です。

07 DH（Diffie-Hellman）法

安全に共通鍵を共有する仕組み

DH（Diffie-Hellman）法は、「離散対数問題が困難であること」を根拠に安全に共通鍵を共有するアルゴリズムの一つです。発案者の頭文字を取って名付けられています。共通鍵暗号方式の問題である鍵の配送問題を解決して，公開できる情報を使ってお互いに計算をすることで共通鍵を共有することができます。

かつて利用されていたハイブリッド暗号方式はセッション鍵の情報をそのまま暗号化して送っていましたが，**DH法はセッション鍵自体の情報を送らずに，鍵の素を送り合ってセッション鍵をつくります。**

鍵の素からセッション鍵をつくる

DH法では送信者と受信者はお互いに素数 p と，素数よりも小さい整数 q を共有します。素数 p は大きな値にする必要があります。この2つの値は公開してもよい情報で，いわゆる「鍵の素」と言われます。鍵の素は攻撃者に知られても問題ありません。

両者は共有した2つの値を元に計算するために乱数を用意します。乱数は秘密鍵として扱うため公開しません。両者はお互いに q を乱数乗して p で割った余りを計算し，その結果を共有します。この計算結果も公開してよい情報です。両者はさらに受け取った値を乱数乗して p で割った余りを計算します。この結果が両者で同じ値になり，その値を共通鍵（セッション鍵）として利用します。共有していた2つの値とそれぞれ作成した乱数（秘密の情報）から，両者は共通鍵をつくることができます。

なお，DH法は鍵交換の仕組みであり，認証の仕組みがありません。そのため，中間者攻撃に弱いという問題があります。その対策として，デジタル署名などを使って相手を認証する仕組みが必要です。

DH 法の流れと例

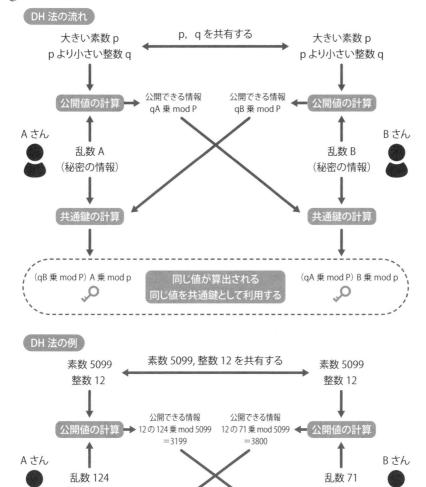

DH 法の流れ

大きい素数 p
p より小さい整数 q

p, q を共有する

大きい素数 p
p より小さい整数 q

公開値の計算 → 公開できる情報 qA 乗 mod P

公開できる情報 qB 乗 mod P ← 公開値の計算

A さん

乱数 A
（秘密の情報）

B さん

乱数 B
（秘密の情報）

共通鍵の計算

共通鍵の計算

(qB 乗 mod P) A 乗 mod p

同じ値が算出される
同じ値を共通鍵として利用する

(qA 乗 mod P) B 乗 mod p

DH 法の例

素数 5099
整数 12

素数 5099, 整数 12 を共有する

素数 5099
整数 12

公開値の計算 → 公開できる情報
12 の 124 乗 mod 5099
＝3199

公開できる情報
12 の 71 乗 mod 5099
＝3800 ← 公開値の計算

A さん

乱数 124
（秘密の情報）

B さん

乱数 71
（秘密の情報）

共通鍵の計算

共通鍵の計算

3800 の 124 乗 mod 5099
＝965

同じ値が算出される
同じ値を共通鍵として利用する

3199 の 71 乗 mod 5099
＝965

08 ハッシュ関数

ハッシュ関数で計算したハッシュ値は「データの指紋」として活用できる

　ハッシュ関数とは，ハッシュ値を計算するための計算式です。ハッシュ関数によって算出された値はハッシュ値と呼ばれ，入力するデータサイズにかかわらず常に一定のサイズで出力されます。

ハッシュ関数の3つの特性

　MD5 や SHA2 などの一般的に利用されるハッシュ関数には3つの特性があります。

①衝突発見困難性：ハッシュ値が一致する2つの元データの探索が難しい（異なるファイルのハッシュ値が偶然一致することはほぼない）

②第二現像計算困難性：特定のハッシュ値と同じハッシュ値をもつファイルをつくることが難しい

③現像計算困難性（一方向性）：ハッシュ値から元の入力値を探索することが難しい

　これらの特性から，ハッシュ値を指紋のように使い，ファイルの改ざん有無が調べられます。たとえば，2つのファイルを同じハッシュ関数で計算して，**ハッシュ値が同じになれば同じファイルだと判断**できます。

　現在，広く利用されているハッシュ関数は SHA-2 です。SHA-3 の普及も進んでいます。以前は MD5 というハッシュ関数も利用されていましたが，衝突発見困難性の特性が担保できなくなり，現在 MD5 の利用は推奨されていません。

HMAC（Hash Based Message Authentication Code）

　HMAC は，**入力データに共通鍵の情報を含めてハッシュ値を計算する**方法です。HMAC は共通鍵をもっている人しかつくることができないため，共通鍵をもつ人だけがハッシュ値の正当性を確認できます。

◎ ハッシュ関数の活用

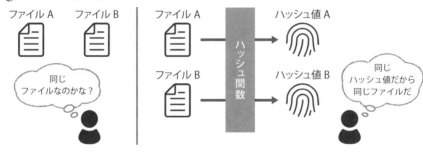

◎ ハッシュ関数の種類

SHA-2	現在最もよく利用されるハッシュ関数 例：SHA-256 は 256 ビットのハッシュ値を出力する 　　　SHA-384 は 384 ビットのハッシュ値を出力する
SHA-3	使用可能な環境が整いつつあるハッシュ関数 例：SHA3-256 は 256 ビットのハッシュ値を出力する 　　（SHA-2 の後継と説明されることもあるが，内部構造は SHA-2 とまったく 　　別の構造）
MD5	現在は非推奨のハッシュ関数。衝突発見困難性の安全性が低下している。 以前はよく利用されていたので，現在も利用されている場合がある

◎ HMAC

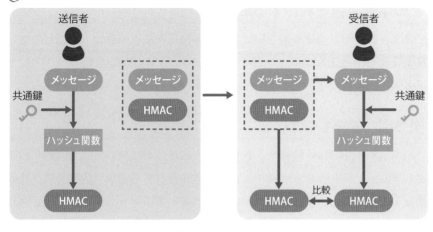

09 CRYPTREC 暗号リスト

暗号技術を評価・監視する CRYPTREC が推奨
する暗号リストを確認しよう

CRYPTREC（Cryptography Research and Evaluation Committees ）は電子政府推奨暗号の安全性を評価・監視し，暗号技術の適切な実装法，運用法を調査，検討するプロジェクトです。

CRYPTREC は CRYPTREC 暗号リストを公表しており，**CRYPTREC暗号リストは３つのリストで構成**されています。

①電子政府推奨暗号リスト：推奨される暗号技術をまとめたもの（十分な利用実績があり，利用が推奨される暗号技術のリスト）

②推奨候補暗号リスト：今後電子政府推奨暗号リストに掲載される可能性がある暗号技術をまとめたもの（十分な利用実績はないが，今後推奨リストに掲載される可能性がある暗号技術のリスト）

③運用監視暗号リスト：推奨すべき技術ではなくなったが，互換性の維持のために容認している暗号技術をまとめたもの（リスクが高まり利用は推奨されないが，互換性維持のため，利用が容認される暗号技術のリスト）

どの暗号技術を利用するのか？

さまざまな暗号技術がある中で**どの暗号技術を使うべきか，逆にどの暗号技術を使うべきでないのか**を判断するために，CRYPTREC 暗号リストはとても大切な情報です。

過去問にチャレンジ

過去に CRYPTREC 暗号リストを構成するリストについて問う問題が出題されました。情報処理安全確保支援士試験を運営する IPA（情報処理推進機構）も CRYPTREC プロジェクトに関わっていることから CRYPTREC 暗号リストに関する問題はよく出題されます。

電子政府推奨暗号リスト

出典：https://www.cryptrec.go.jp/list/cryptrec-ls-0001-2022.pdf

技術分類		暗号技術
公開鍵暗号	署名	DSA
		ECDSA
		EdDSA
		RSA-PSS[注1]
		RSASSA-PKCS1-v1.5[注1]
	守秘	RSA-OAEP[注1]
	鍵共有	DH
		ECDH
共通鍵暗号	64ビットブロック暗号[注2]	該当なし
	128ビットブロック暗号	AES
		Camellia
	ストリーム暗号	KCipher-2
ハッシュ関数		SHA-256
		SHA-384
		SHA-512
		SHA-512/256
		SHA3-256
		SHA3-384
		SHA3-512
		SHAKE128[注3]
		SHAKE256[注3]

> 十分な利用実績があり
> 利用が推奨される
> 暗号技術のリスト

> 暗号リストは
> CRYPTREC の
> ウェブサイトで
> 確認してみましょう

推奨候補暗号リスト

技術分類		暗号技術
公開鍵暗号	署名	該当なし
	守秘	該当なし
	鍵共有	PSEC-KEM[注4]
共通鍵暗号	64ビットブロック暗号[注2]	CIPHERUNICORN-E
		Hierocrypt-L1
		MISTY1
	128ビットブロック暗号	CIPHERUNICORN-A
		CLEFIA
		Hierocrypt-3
		SC2000
	ストリーム暗号	Enocoro-128v2
		MUGI
		MULTI-S01[注4]
ハッシュ関数		該当なし
暗号利用モード	秘匿モード	該当なし
	認証付き秘匿モード[注5]	該当なし
メッセージ認証コード		PC-MAC-AES
認証暗号		該当なし
エンティティ認証		該当なし

> 十分な利用実績がないが
> 今後推奨暗号リストに
> 掲載される可能性がある
> 暗号技術のリスト

運用監視暗号リスト

技術分類		暗号技術
公開鍵暗号	署名	該当なし
	守秘	RSAES-PKCS1-v1.5[注6][注4]
	鍵共有	該当なし
共通鍵暗号	64ビットブロック暗号[注2]	3-key Triple DES
	128ビットブロック暗号	該当なし
	ストリーム暗号	該当なし
ハッシュ関数		RIPEMD-160
		SHA-1[注6]
暗号利用モード	秘匿モード	該当なし
	認証付き秘匿モード[注5]	該当なし
メッセージ認証コード		CBC-MAC[注7]
認証暗号		該当なし
エンティティ認証		該当なし

> リスクが高まり利用が推奨
> されないが，互換性維持
> のため，利用が容認される
> 暗号技術のリスト

過去問に挑戦

【問題】

総務省及び経済産業省が策定した "電子政府における調達のために参照すべき暗号のリスト（CRYPTREC 暗号リスト）" を構成する暗号リストの説明のうち，適切なものはどれか。

（出典：情報処理安全確保支援士 令和元年秋　午前Ⅱ 問8）

ア 推奨候補暗号リストとは，CRYPTRECによって安全性及び実装性能が確認された暗号技術のうち，市場における利用実績が十分であるか今後の普及が見込まれると判断され，当該技術の利用を推奨するもののリストである。

イ 推奨候補暗号リストとは，候補段階に格下げされ，互換性維持目的で利用する暗号技術のリストである。

ウ 電子政府推奨暗号リストとは，CRYPTREC によって安全性及び実装性能が確認された暗号技術のうち，市場における利用実績が十分であるか今後の普及が見込まれると判断され，当該技術の利用を推奨するもののリストである。

エ 電子政府推奨暗号リストとは，推奨段階に格下げされ，互換性維持目的で利用する暗号技術のリストである。

正解：ウ

解説：電子政府推奨暗号リストは当該技術の推奨をしている

ハッシュ関数を 使ってみよう！

コラム

皆さんは実際にハッシュ関数を使ったことがありますか？

Windows は certutil というコマンドを標準実装しており，そのコマンドを利用することで簡単にハッシュ関数を利用することができます。

手を動かして学ぶと理解度も深まります。ぜひ皆さんも certutil コマンドなどを使って，ハッシュ関数を利用してみてください。

certutilコマンドで ハッシュ値を計算	ハッシュ値を算出したい ファイルを指定	ハッシュ関数を 指定

```
C:\Users>certutil -hashfile C:\Users\test.txt sha1
SHA1 ハッシュ (対象 C:\Users\test.txt):
26469351169fa1bcd8001dccd8372b80390f2731
CertUtil: -hashfile コマンドは正常に完了しました。
```

算出されたハッシュ値

コマンドを利用する以外にも，インターネットで「ハッシュ関数 計算」と検索すると，ハッシュ関数の計算ツールが公開されています。これらの計算ツールも，ハッシュ関数を体験するのにおすすめです。ただし，インターネットの計算ツールを利用する場合は，アップロードしても問題ないファイルを利用してください。

第 **2** 章

認証技術

「人やモノが本物なのか？」
「取り扱うメッセージに正当性があるのか？」
これらは認証技術によって確認できます。

ベーシック認証

身近に利用されているパスワード認証について学ぼう

　認証とは，本物であることを確認することです。代表的な技術として，本人認証やメッセージ認証があります。本人認証は，正規のユーザや正規のものであることを確認します。メッセージ認証は，送られてきたメッセージの内容が正しいのかを確認します。本人認証の代表的な技術はパスワード認証です。**パスワード認証は，特定の人やものを一意に識別できるシステムをつくり，ユーザ ID とパスワードの組み合わせで認証**します。ユーザ ID とパスワードの組み合わせを知っているユーザを，正規のユーザ（本物）であると判断します。

　パスワード認証にはいくつかの種類がありますが，本項はベーシック認証について学びます。

認証情報を平文で送信する「ベーシック認証」

　ベーシック認証は，ユーザ ID とパスワードを平文で送信して認証する方法です。そのため，盗聴に弱いという特徴があります。また，なりすまし対策もできないため，認証サーバがなりすましだった場合に，通信内容を解析されて認証情報が盗まれる可能性があります。

ベーシック認証の問題を他の技術で補う

　もともとベーシック認証は，一つのホスト内で認証するためにつくられた技術です。認証情報を他のホストに送るための技術ではなかったので盗聴対策やなりすまし対策は考慮されていません。

　しかし，利便性が高いので，ホスト間の認証技術として拡張して利用されるようになりました。現在は，SSL/TLS による暗号化を併用してベーシック認証を利用することがあります。

◎ ベーシック認証の問題

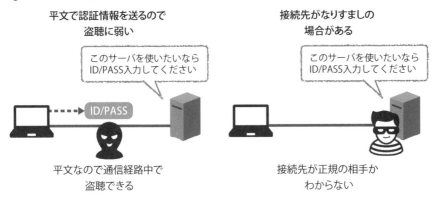

平文で認証情報を送るので
盗聴に弱い

このサーバを使いたいなら
ID/PASS入力してください

ID/PASS

平文なので通信経路中で
盗聴できる

接続先がなりすましの
場合がある

このサーバを使いたいなら
ID/PASS入力してください

接続先が正規の相手か
わからない

◎ SSL/TLS の利用でベーシック認証の問題を解決する

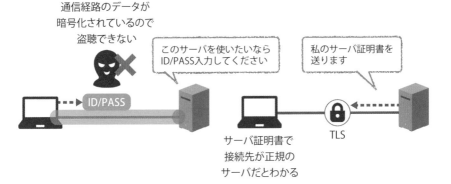

通信経路のデータが
暗号化されているので
盗聴できない

このサーバを使いたいなら
ID/PASS入力してください

ID/PASS

私のサーバ証明書を
送ります

サーバ証明書で
接続先が正規の
サーバだとわかる

TLS

> ワンポイント

ベーシック認証の別名

ベーシック認証には，クリアテキスト認証，PLAIN 認証，USER/PASS 認証などの呼び方があります。これらは呼び方が違うだけで，認証される側が平文で認証情報を送信する技術を指しています。参考書によって呼び方がさまざまで混乱しますが，どれもベーシック認証のことを指しているので混乱しないようにしてください。

02 チャレンジ&レスポンス認証

「盗聴に弱い」というベーシック認証の問題点を
解決する認証方式

　ベーシック認証は，認証情報が平文でネットワーク上に流れてしまうため，盗聴に弱いという問題があります。

　チャレンジ&レスポンス認証は**認証情報をネットワーク上に流さずに認証**することでベーシック認証の問題を解決します。

パスワードを伝えずにどうやって認証するのか？

　クライアントは，事前にユーザ ID とパスワードの情報を認証サーバに認証情報として登録します。認証時，クライアント側は認証要求としてユーザ ID の情報を認証サーバに送ります。認証サーバは，ユーザ ID から該当のクライアントのパスワードを特定します。認証サーバはチャレンジコードという使い捨ての乱数を生成し，クライアント側に送ります。このとき，クライアント側と認証サーバはお互いにパスワードの情報とチャレンジコードの情報を知っている状態になります。

　両者は 2 つの情報を組み合わせてハッシュ値をつくります。クライアント側はつくったハッシュ値をレスポンスコードとして認証サーバに送ります。**認証サーバは送られてきたレスポンスコードと，認証サーバで生成したハッシュ値が一致するか確認**します。一致した場合は，レスポンスコードを返してきたクライアントはパスワードを知っている正規のクライアントであると判断します。

なりすまし問題は解決できない

　チャレンジ&レスポンス認証は盗聴対策として有効ですが，なりすまし対策はできません。

◎ チャレンジ＆レスポンス認証の流れ

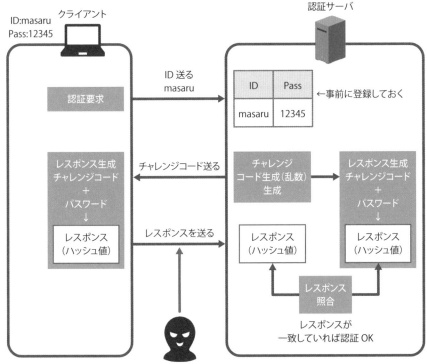

チャレンジコードが固定になると
攻撃者はレスポンスを再利用して
リプレイ攻撃を実行できます

✎ ワンポイント

リプレイ攻撃に注意

チャレンジコードは毎回ランダムに変化させることが大切です。変化させないと，攻撃者はレスポンスコードを盗聴して，再利用することで不正アクセスができます。盗聴したデータをそのまま利用して不正アクセスすることをリプレイ攻撃といいます。

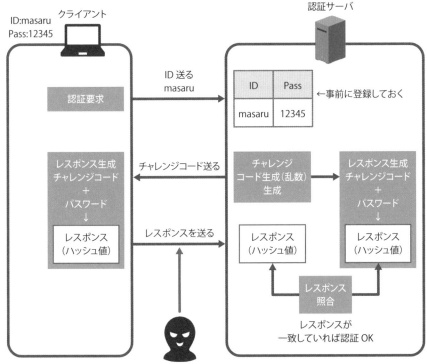

S/Key

ワンタイムパスワードで認証し，
セキュリティ強度を高める方法を知ろう

　ワンタイムパスワード認証は，ログインするたびに異なるパスワードを利用することでセキュリティ強度を高める方法です。

　代表的な方式として S/Key があります。S/Key 方式はチャレンジ＆レスポンス認証の一つで，マスターパスワード，シード，シーケンス番号を使ってワンタイムパスワードを生成します。

事前に認証サーバに設定する情報

　事前に認証サーバにマスターパスワードと，シーケンス番号を設定します。マスターパスワードは秘密にするべき情報で，クライアント側にも設定します。シーケンス番号はワンタイムパスワードを生成するためにハッシュ処理をする回数です。1回ワンタイムパスワードを生成すると1ずつ減少します。**シーケンス番号が0になると，ワンタイムパスワードが生成できなくなります。**

S/Key 方式の流れ

　認証時，クライアントはユーザ ID を認証サーバに送ります。認証サーバはシーケンス番号とシードをクライアントに送ります（シードは乱数でありチャレンジコード）。クライアントはマスターパスワードとシードを組み合わせてハッシュ処理を行います。

　ハッシュ処理の計算回数はシーケンス番号によって定義されており，クライアント側はシーケンス番号 −1 回分行います。計算結果はレスポンスコード（ワンタイムパスワード）として認証サーバに送られます。認証サーバはクライアントからのレスポンスコードに最後の1回分のハッシュ処理を行い，ハッシュ値が一致するかを確認します。ハッシュ値が一致した場合は正規のクライアントであると判断します。

◎ S/Key 方式の流れ

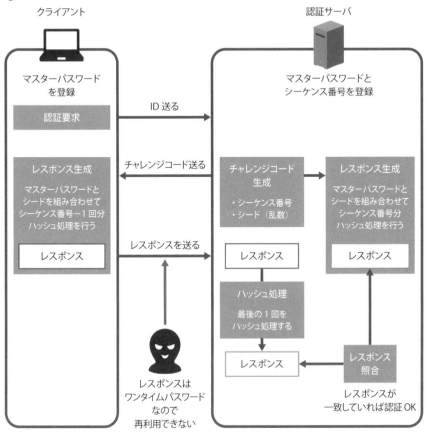

クライアント

認証サーバ

マスターパスワード
を登録

認証要求

ID 送る →

マスターパスワードと
シーケンス番号を登録

レスポンス生成

マスターパスワードと
シードを組み合わせて
シーケンス番号ー1回分
ハッシュ処理を行う

レスポンス

← チャレンジコード送る

チャレンジコード
生成

・シーケンス番号
・シード（乱数）

レスポンス生成

マスターパスワードと
シードを組み合わせて
シーケンス番号分
ハッシュ処理を行う

レスポンス

レスポンスを送る →

レスポンス

ハッシュ処理

最後の1回を
ハッシュ処理する

レスポンス

レスポンス
照合

レスポンスは
ワンタイムパスワード
なので
再利用できない

レスポンスが
一致していれば認証OK

認証サーバに設定したシーケンス番号は
ワンタイムパスワード生成ごとに減少するため,
シーケンス番号が0になると利用できなくなります

ワンポイント

マスターパスワードの流出に注意

認証サーバにマスターパスワードを登録する際にはSSH接続した
り, 直接機器に接続して登録を行ったりして, 盗聴対策を行うこと
が大切です。マスターパスワードが流出しないように注意しましょ
う。

04 時刻同期方式

チャレンジコードのやり取りが不要になる
ワンタイムパスワード方式

　ワンタイムパスワード方式の一つに時刻同期方式があります。時刻同期方式はトークンを使って**パスワードを一定時間で変更させます**。トークンはハードウェアとしてパスワードを生成する方法と，クライアントの端末にソフトウェアとしてインストールしてパスワードを生成する方法があります。

　チャレンジ＆レスポンス認証と違って認証サーバからのチャレンジコードを必要とせず，トークンコードを利用してワンタイムパスワードを生成することができます。

時刻同期方式の流れ

　時刻同期方式を利用する場合は，事前にクライアントと認証サーバで時刻同期させておくことが大切です。

　認証サーバ側ではクライアントを識別するための PIN 番号を管理します。認証時，クライアントはトークンを利用してトークンコードを生成します。トークンコードと PIN 番号を元にハッシュ処理を行い，その結果をワンタイムパスワードとして認証サーバに送ります。認証サーバは，クライアントが行った計算と同じようにトークンコードと PIN 番号でハッシュ処理を行い，その結果を比較して検証を行います。

　ワンタイムパスワードが一致した場合，正規のクライアントであると判断します。

時刻同期の重要性

　時刻同期方式は，クライアントと認証サーバの**時刻同期が重要**です。時刻がずれると正しいワンタイムパスワードを生成できず，認証が失敗します。

◎ 時刻同期方式の流れ

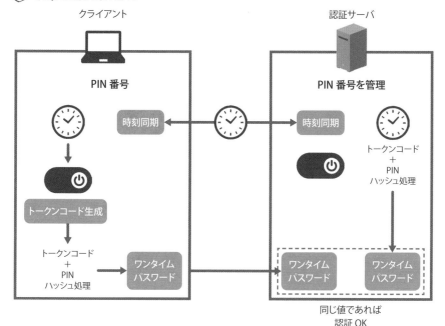

ハードウェアタイプ　ソフトウェアタイプ

> トークンには，USBに接続する
> ハードウェアタイプや，
> クライアントにインストールして
> 利用するソフトウェアタイプ
> があります

📖🖋 ワンポイント

S/Key と比べてみよう

時刻同期方式は，S/Keyと比べて認証サーバからのチャレンジコードがネットワーク上に流れません。余分な情報が流れない上に，利用回数の制限がないので時刻同期方式のほうが利便性は高いといえます。しかし，時刻同期方式は認証サーバとクライアントで時刻同期をする必要があります。ある程度のずれを許容する設定はできますが，許容範囲よりも時刻がずれていると認証が失敗します。

05 生体認証とリスクベース認証

生体情報を使う「生体認証」，
追加認証を行う「リスクベース認証」

「生体認証」のメリット・デメリット

　生体認証は指紋，静脈，虹彩，顔などの生体情報に基づいて認証を行う技術です。静脈認証はなりすましへの耐性は高いのですが，導入コストも高くなります。指紋認証は導入コストを安くすることができますが，認証精度はそこまで高くありません。セキュリティポリシーに応じた生体認証を導入しましょう。

　生体認証のメリットは利便性が高いことです。パスワードを覚えたり，IDカードを管理する必要がなくなります。

　生体認証のデメリットはパスワード認証のように完全な精度で認証できないことです。たとえば，濡れた指では指紋認証に失敗することがあります。また，顔認証ではよく似た他人を本人と判断したり，本人なのに他人であると判断する場合があります。

利便性にすぐれた「リスクベース認証」

　リスクベース認証は，普段と異なる環境からアクセスした場合に追加で認証を行う仕組みです。いつもと違うブラウザ，違う回線（IPアドレス），違う時間帯からアクセスした場合などにSMS認証などで追加認証を行います。リスクベース認証を行うことで，流出したパスワードを使った不正ログインを防ぐことができます。

　リスクベース認証のメリットは，通常の利用環境であれば追加認証が不要なことです。普段は必要十分な認証を行い，**普段と異なる場合のみ追加認証を行う**ことで，利便性を確保しつつ，セキュリティ強度を高めます。

◎ 生体認証の種類

認証方式	精度	導入コスト	説明
指紋	△	○	指紋の形を認識し判断する。 最も普及している生体認証
静脈	○	△	手の静脈の数，サイズ，位置を認識し判断する。 導入コストはやや高い
虹彩	○	×	角膜と水晶体の間にある虹彩を認識し判断する。 導入コストが高い
顔	×	○	顔相を認識し判断する。 よく似た人物は識別が難しい

◎ 他人受入率と本人拒否率の関係

本人なのに
拒否する
本人拒否率（FRR）

他人なのに
受け入れてしまう
他人受入率（FAR）

セキュリティポリシーによって，
バランスを取ることが大切です

ワンポイント

リスクベース認証を行うために必要なこと

リスクベース認証を行うためには，サーバ側で利用者のログを取得する必要があります。利用者の普段のログと比較することで，いつもと異なる環境を判断して追加認証を行います。

FIDO 認証

パスワードを使わずに,
安全性と利便性を兼ね備えた認証方法

FIDO (Fast IDentity Online) は, パスワードを使わずに高い安全性と利便性を提供する認証方式として, FIDO Alliance が標準化を進めている技術です。たとえばオンラインサービスへのログイン時, パスワードを利用せずにスマートフォンの指紋認証を利用して認証を行います。FIDO を利用することで**パスワードを使わずに認証することができます**。

FIDO は FIDO1 と FIDO2 が存在します。本項では, FIDO 認証を OS や WEB ブラウザ用に最適化した **FIDO2** について学びます。

FIDO2 の利用例

事前準備としてクライアント端末は秘密鍵と公開鍵の鍵ペアを作成し, 利用したいサービスの認証サーバに公開鍵とユーザ ID を登録します。サービス利用時にクライアントが認証要求を送ると, サーバはクライアントにチャレンジコードを送ります。クライアントはスマートフォンなどを使って生体認証を行い, デバイス側で認証を完了させます。

認証が成功したら, 秘密鍵を使ってチャレンジコードにデジタル署名を行い, 認証サーバに送ります。認証サーバはクライアントの公開鍵を使ってレスポンスコード (デジタル署名) を検証します。

FIDO は生体認証が必須ではない

FIDO =生体認証というイメージが強いですが, **FIDO は生体認証以外の方法でも認証することができます**。たとえば, ローカル端末で PIN を利用して FIDO 認証を利用することもできます。

FIDO は**パスワードレス認証**と呼ばれるように, デバイス側で認証を完了させることで, パスワードを利用せずにログインできる仕組みです。

◉ パスワード認証と FIDO2 認証の比較

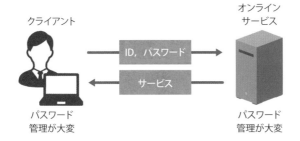

パスワード認証の場合

クライアント

オンライン
サービス

ID, パスワード →

← サービス

パスワード
管理が大変

パスワード
管理が大変

FIDO2 認証の流れ

※生体認証を利用する場合

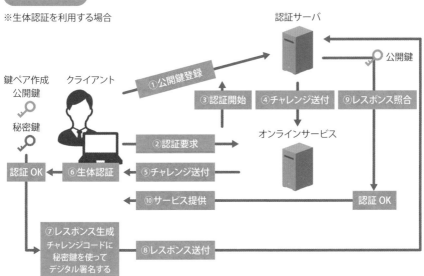

認証サーバ

○ 公開鍵

鍵ペア作成
公開鍵

クライアント

①公開鍵登録

③認証開始　④チャレンジ送付　⑨レスポンス照合

秘密鍵

オンラインサービス

②認証要求

認証 OK　⑥生体認証　⑤チャレンジ送付

⑩サービス提供

認証 OK

⑦レスポンス生成
チャレンジコードに
秘密鍵を使って
デジタル署名する

⑧レスポンス送付

📖✍ **ワンポイント**

FIDO2 は認証情報がネットワーク上に流れない

FIDO2 はデバイス側で認証を完了させるため、パスワードなどの
認証情報がネットワーク上に流れることがありません。安全性が高
く、さらに利便性が高い認証方式として普及が進んでいます。

リバースプロキシを使った SSO

シングルサインオンは認証回数を減らし，
利便性を高める仕組み

シングルサインオン（SSO）は，**一度の認証で複数のサーバやアプリケーションを利用できる仕組み**です。

通常は利用するサーバやアプリケーションごとに認証を行う必要がありますが，一度の認証でクライアントが利用可能なサービスをすべて利用できるようになります。何度も認証する手間を省けるので利便性を高めることができます。

また，複数のパスワードを管理する必要がなくなるので，パスワード管理が楽になります。

リバースプロキシを使った SSO の流れ

リバースプロキシサーバは，インターネット側からクライアントの接続を待ち受けて内部ネットワークへの通信を代理します。

インターネット側にいるクライアントはリバースプロキシサーバに接続し，ユーザ認証を行います。認証が成功すると，リバースプロキシサーバが内部サーバに代理で通信を行い，クライアントとの通信を仲介します。内部サーバは，リバースプロキシサーバからの通信は信頼できるものとしてサービスを提供します。

クライアントは**リバースプロキシサーバで一度認証をすればよく，内部のサーバごとに認証する必要はありません。**リバースプロキシサーバで SSO を行うことによって，利便性を高めることができます。

◎ リバースプロキシを使った SSO

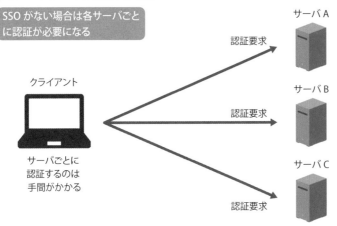

SSO がない場合は各サーバごとに認証が必要になる

クライアント

サーバごとに
認証するのは
手間がかかる

認証要求

サーバ A

認証要求

サーバ B

認証要求

サーバ C

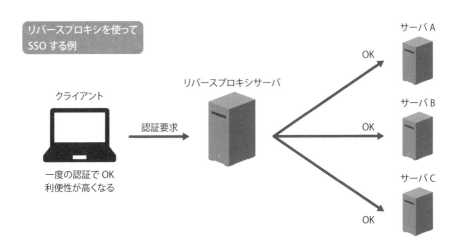

リバースプロキシを使って
SSO する例

クライアント

一度の認証で OK
利便性が高くなる

認証要求

リバースプロキシサーバ

OK

サーバ A

OK

サーバ B

OK

サーバ C

✎ ワンポイント

リバースプロキシ方式の問題点

一般的にプロキシサーバは，HTTP/HTTPS の通信を代理します。
接続先の内部サーバが WEB サーバ（WEB サービス）でない場合は，
リバースプロキシ方式を使った SSO は利用できない場合がありま
す。

ケルベロス認証を使ったSSO

ケルベロス認証は，同一ドメイン内で
よく利用されるSSO方式

ケルベロス認証はMicrosoftのアクティブディレクトリで採用されること
もある認証方式です。レルムによってSSOの有効な範囲を定義し，レルム
内で管理されるユーザ，サービス，ホストはプリンシパルとして定義します。
KDC（Key Distribution Center）はレルム内の認証を行います。KDC
内部は認証サーバの役割をもつ**AS**と，チケット認可サーバの役割をもつ
TGSが共存している場合が多いです。

クライアントは，ASで認証を行い，**TGSからチケットを発行してもら
うことで，対象のサーバを利用することができます。**

ケルベロス認証の流れ

事前準備としてKDCにKDCとクライアント間の通信で利用する共通鍵
を設定します。SSO利用時，クライアントはKDC内のASにアクセスし，
認証情報を入力します。認証OKの場合，ASはクライアントとTGS間で利
用するセッション鍵を発行します。ここまでのやりとりは，事前に登録して
おいたKDCとクライアントとの共通鍵によって暗号化されています。

次に，クライアントはTGTを使いTGSにアクセスして，利用したいサー
ビスのチケットを要求します。TGTに問題がなければ，TGSはサーバのサー
ビスチケットと，利用したいサーバ間で利用するセッション鍵の情報を発行
します。クライアントはサービスチケットを使ってサービスを利用します。

クライアントと利用したいサーバ間の通信は，TGSによって発行された
セッション鍵を使って暗号化します。

◎ ケルベロス認証の流れ

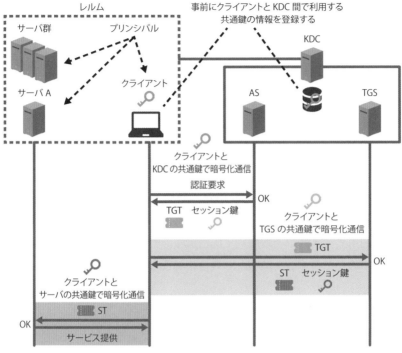

◎ 用語の整理

用語	説明
KDC（Key Distribution Center）	サーバとユーザに関する信頼関係の情報を一括管理する AS＋TGS が KDC 内部にあることが多い
AS（Authentication Server）	クライアントを認証する
TGS（Ticket Granting Server）	各サーバを利用するためのチケットを発行する
TGT（Ticket Granting Ticket）	TGS にチケットを発行してもらうためのチケット
ST（Service Ticket）	サーバにサービスを提供してもらうためのチケット

📖✏️ ワンポイント

どの鍵でどの通信が暗号化されているのか？

ケルベロス認証では，クライアントと AS 間，クライアントと TGS 間，クライアントとサーバ間でそれぞれ利用する暗号鍵の情報が異なります。どのタイミングで，どの暗号鍵を使っているのか把握できるようにしておきましょう。

SAML 認証を使った SSO

異なる WEB サービス間で SSO を実現する

SAML は Security Assertion Markup Language の略です。サムルと発音する人もいます。SAML はインターネット上で異なる WEB サービス間で認証をするために，標準化団体 OASIS が考案したフレームワークです。

アサーションという XML の情報を使って認証情報のやりとりを行い，SSO を実現します。アサーションは認証したサーバや認証時間を表す認証情報，利用者の名前や属性を表す属性情報，利用者がどのファイルにアクセスできるのかを表す認可情報などの情報を含んでいます。

SAML の 3 つの構成要素と SSO の流れ

SAML には 3 つの構成要素があります。認証を行うアイデンティティプロバイダ (IdP)，実際のサービスを提供するサービスプロバイダ (SP)，サービスを受けるクライアントです。

認証方法もいくつか存在します。右図は，HTTP リダイレクトを利用する方法を示しています。

IdP と SP は，あらかじめ信頼関係を結びます。クライアントは WEB ブラウザを使って，利用したい SP にアクセスします。SP は認証を行わず，クライアントに対して IdP にリダイレクトするように応答します。リダイレクトを受けてクライアントは IdP にアクセスし，認証を行います。認証 OK の場合，IdP はクライアントにアサーションを発行します。クライアントは SP にリダイレクトされ，アサーションを SP に送ります。

アサーションを受け取った SP はアサーションの内容を確認し，クライアントに応じたサービスを提供します。

◎ SAML を使った SSO

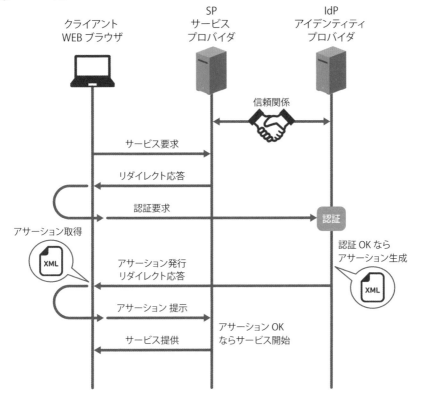

アサーションに含まれる情報
XML
・認証情報
・属性情報
・認可情報

ワンポイント

SAML は SP と IdP 間で認証情報のやり取りがない

SAML は，サービスプロバイダ(SP)とアイデンティティプロバイダ(IdP)間で認証情報のやり取りが発生しません。リダイレクトを使って，クライアントの WEB ブラウザが SP と IdP それぞれのサーバに接続を行い，SSO を行います。

10 OAuth2.0
オー　オース

異なるサービス間でリソースを共有する仕組み

OAuth2.0 は，リソースオーナーの許可に基づいてサービスのアクセス権を別のサーバに渡すことができる仕組みです。

4つの構成要素と利用例

OAuth2.0 の構成要素はリソースオーナー，OAuth クライアント，認可サーバ，リソースサーバです。

OAuth2.0 を利用することで，**リソースサーバのリソースを OAuth クライアントに共有する**ことができます。たとえば，クライアントが複数のサービスごとに個人情報の入力を求められた場合，それぞれのサービスに個人情報を入力するのは手間がかかります。OAuth2.0 を使えば，事前に登録しているサービスから個人情報をリソースとして共有することで入力の手間を省くことができます。

OAuth2.0 の流れ

リソースオーナーが利用したいサービスは，OAuth クライアントとして，リソースサーバの認可サーバにアクセスします。

認可サーバは，リソースオーナーにアクセス許可の確認をします。許可が出た場合，リソースオーナーは認可グラントを認可サーバに送り，認可サーバが OAuth クライアントに認可グラントを転送します。OAuth クライアントは認可サーバに認可グラントを提示します。認可サーバは OAuth クライアントの認証および認可グラントの正当性を確認し，問題なければアクセストークンを発行します。

OAuth クライアントはアクセストークンを提示することによって，リソースサーバのリソースを利用できるようになります。

◎ OAuth2.0 の流れ

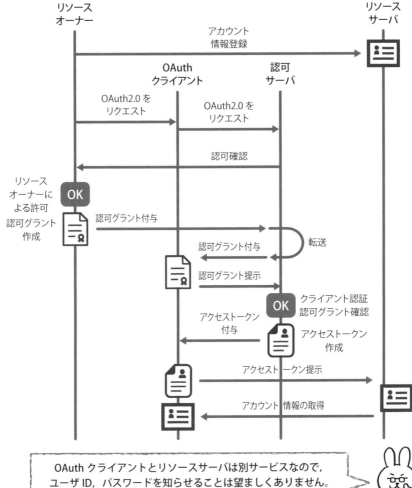

OAuth クライアントとリソースサーバは別サービスなので，
ユーザ ID，パスワードを知らせることは望ましくありません。
OAuth を使えば特定のリソースのみアクセス許可（認可）できます

📖 ワンポイント

SAML と OAuth2.0 の違い

SAML は認証と認可を行いますが，OAuth2.0 は原則認可のみで
す。OAuth2.0 の場合は別の手段で利用者の認証を行う仕組みが必
要です。

11 メッセージ認証符号「MAC」

送られてきたメッセージの内容が
正しいのか確認する

メッセージの完全性を保証するために，メッセージ認証符号（Message Authentication Code:MAC）が利用されます。

メッセージ認証符号の生成方法

代表的なメッセージ認証符号の生成方法である HMAC を例に，メッセージ認証符号の生成の流れを確認しましょう。

事前に受信者，送信者は共通鍵をもっています。送信者は送りたいメッセージと共通鍵を含めハッシュ関数を使って計算し，HMAC 値を求めます。送信者は送りたいメッセージに HMAC をつけて送ります。

受信者は送信者と同様の計算を行い，算出した HMAC と送られてきた HMAC が一致するかを確認します。HMAC が一致した場合，メッセージの完全性が保証できます。

HMAC をつくることができるのは，共通鍵をもつ人だけなので**通信先が正規の相手であると認証**することもできます。

MAC はメッセージの作成者を判断できない

MAC はメッセージの完全性を保証できますが，送信者と受信者が共通鍵によって同じ MAC を生成できる特性上，メッセージの作成者を保証することはできません。

メッセージの作成者を担保する（否認防止）には，公開鍵暗号方式を使ったデジタル署名を利用します。

◎ HMAC の生成

HMAC は MAC の一種
秘密の情報を含めハッシュ関数を使って算出する

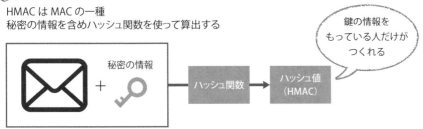

◎ HMAC を使った改ざん有無の確認

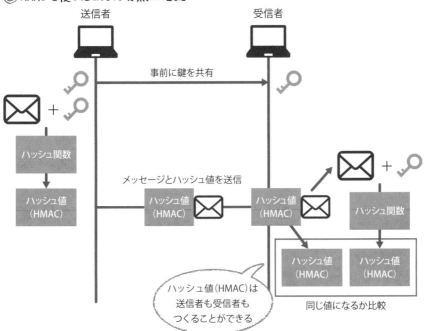

ワンポイント

MAC でわかるのは改ざんの有無

MAC が不一致の場合，メッセージに改ざん（もしくは破損）があることを意味します。しかし，具体的にメッセージのどこが原因で不一致となったのかを確認することはできません。MAC が不一致となった場合，メッセージの破棄やメッセージの再送要求などが行われます。

デジタル署名

「メッセージの改ざん有無」と「否認防止」を
担保する仕組み

　大切な書類に印鑑を押印することがあります。印鑑が世界に一つの印鑑であれば，その書類に押印した人が，その書類の正当性を保証したことになります。

　デジタルの世界では，メッセージの正当性を担保するためにデジタル署名を利用します。デジタル署名は，**メッセージの改ざん有無と，メッセージの作成者を担保（否認防止）します。**

デジタル署名の流れ

　送信者は，公開鍵暗号方式を利用して鍵ペアをつくります。送信時は送りたいメッセージにハッシュ処理を行い，ハッシュ値を取得します。そのハッシュ値を送信者の秘密鍵で暗号化します。暗号化されたハッシュ値は，デジタル署名になります。その後，送りたいメッセージとデジタル署名を受信者に送ります。受信者は受け取ったメッセージにハッシュ処理を行い，ハッシュ値を求めます。デジタル署名は送信者の公開鍵を使って復号します。

　受信者が算出したハッシュ値と，復号して算出したハッシュ値が一致していれば，そのメッセージは改ざんがされていないことになり，**秘密鍵をもつ送信者が作成したメッセージであると判断することもできます（否認防止）。**

MAC とデジタル署名の使い分け

　デジタル署名は公開鍵暗号方式を利用するので，**処理速度が遅くなる特徴があります。**そのため，否認防止が必要な場合にデジタル署名を利用します。否認防止を必要としない場合は，共通鍵暗号方式を利用したメッセージ認証符号（MAC）を利用することで処理速度を優先させます。

◎ デジタル署名の流れ

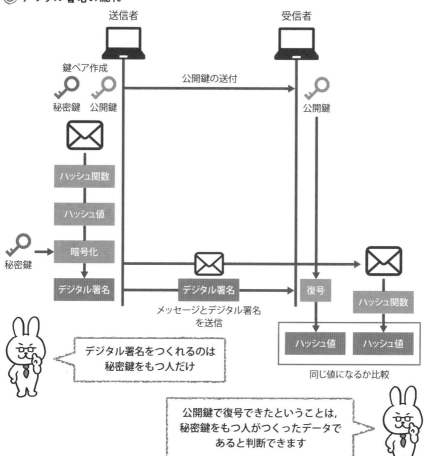

送信者　　　　　　　　　　受信者

鍵ペア作成

秘密鍵　公開鍵

公開鍵の送付

公開鍵

ハッシュ関数

ハッシュ値

秘密鍵 → 暗号化

デジタル署名

デジタル署名

メッセージとデジタル署名
を送信

復号

ハッシュ関数

ハッシュ値　ハッシュ値

同じ値になるか比較

デジタル署名をつくれるのは
秘密鍵をもつ人だけ

公開鍵で復号できたということは,
秘密鍵をもつ人がつくったデータで
あると判断できます

 ワンポイント

MAC とデジタル署名の違い

共通鍵暗号方式を利用する MAC によって担保できるのは,改ざんの有無,通信相手の認証です。処理が軽いので高速な処理が期待できます。公開鍵暗号方式を利用するデジタル署名によって担保できるのは,改ざんの有無,通信相手の認証,メッセージ作成者(否認防止)です。主にメッセージ作成者を担保したい場合に利用されます。

デジタル証明書

正当性を保証する電子的な証明書

　前項で，デジタル署名は公開鍵暗号方式を利用することで，データの完全性とメッセージ作成者を担保する技術だと説明しました。

　デジタル署名は秘密鍵を使ってできているため，検証には公開鍵が必要です。**公開鍵はデジタル証明書を使って正当性を保証**します。

　デジタル証明書は公開鍵証明書，電子証明書，サーバ証明書など利用シーンによってさまざまな呼び名があります。

デジタル証明書には公開鍵の情報も入っている

　デジタル証明書は X.509 で規格化されています。どのような情報が含まれているのかは，右図を見て確認してください。

　特に意識してほしいのは，**デジタル証明書の中に公開鍵の情報**が入っていることです。デジタル証明書を取得すると，公開鍵の情報も取得することができます。さらにデジタル証明書には，有効期限の情報も入っています。有効期限が切れると効力がなくなり，信頼できない証明書として警告が表示されることがあります。

　なお，HTTPS 通信を行うために，WEB サーバにデジタル証明書を導入する必要があります。そのデジタル証明書は，サーバ証明書と呼ばれます。

　サーバ証明書はクライアントに対してサーバの公開鍵を配布するとともに，サーバの正当性および公開鍵の正当性を保証します。

◎ デジタル署名の問題点

> 正規の公開鍵が入手できてはデジタル署名の正当性が確認できない

A さんになりすました　これは A さん
　　　第三者　　　　　の公開鍵です

A さんの
デジタル署名

このデジタル署名を
検証するために
A さんの公開鍵を
入手したけど，この
公開鍵は信頼して
いいのかな？

デジタル証明書
を使えば公開鍵
の正当性が
保証できます

◎ デジタル証明書の中身

> デジタル証明書は X.509 で規定されている

項目	内容	
バージョン	X.509 証明書のバージョン	証明書部分（署名前証明書）
シリアル番号	CA によって付与されるユニークな番号	
アルゴリズム識別子	CA が証明書の署名に利用したアルゴリズム	
認証局名	証明書に署名して発行した機関の名前	
有効期間	開始日と終了日	
所有者名	DN（Distinguished Name）によって表記される	
所有者の公開鍵情報	公開鍵，公開鍵のアルゴリズム	
拡張領域	オプションで利用する領域	
署名アルゴリズム	CA が証明書の署名に利用したアルゴリズム	
認証局デジタル署名	認証局の署名	

DN は所有者に関わるさまざまな情報が含まれます。
CN（Common Name）は必須の項目であり，
利用するサイトと一致する必要があります

ワンポイント

CN 項目は FQDN を指定する

デジタル証明書の所有者名には，CN の情報も含まれます。たとえ
ば，サーバ証明書として利用する場合，CN 項目は WEB サーバの
FQDN を指定します。URL が「https://www.masaru.com/」のサー
バ証明書を申請する場合，Common Name は「www.masaru.com」
です。

14 サーバ証明書の種類

種類によって担保する範囲が異なる3つの
サーバ証明書の特徴を押さえておこう

HTTPS を利用するためにはサーバ証明書が必要です。サーバ証明書は保証範囲に合わせて，DV 証明書，OV 証明書，EV 証明書の3つに分かれます。

3つのサーバ証明書の特徴

DV 証明書は，利用者がドメインを保持していることを保証します。審査が簡単で，料金は無料もしくは低価格で作成できます。ただし，企業の実在性や業務実態は審査しないので保証対象外です。

DV 証明書を利用することで，HTTPS の通信ができるようになりますが，悪意のあるサーバで利用される可能性があるため，サーバの信頼性は担保できません。

OV 証明書は，利用者のドメインの保持と実在性を保証します。審査には公的書類の提出などが必要で，DV 証明書と比べると費用は高くなりますが，サーバの信頼性を高めることができます。CN（サイトの URL を表す項目）にはワイルドカードを使用することができ，複数のサーバで OV 証明書を共用することができます。

EV 証明書は，ドメインの保持，実在性，業務実態まで審査を行って保証します。国際的な認定基準に基づいて審査を行って発行されるため，最も信頼度が高いサーバ証明書です。しかし，審査項目が多く，発行するまでに手間がかかる上に，発行料金が高くなります。

CN にはワイルドカードを使用することができないので，複数のサーバで EV 証明書を共用することはできません。

◎ サーバ証明書の種類

名称	保証する範囲	内容
DV 証明書 Domain Validation	ドメインの 所有	・HTTPS 通信による通信ができる ・審査は簡易的なものであるため, 　なりすましサイトで利用される場合もある
OV 証明書 Organization Validation	ドメインの 所有, 企業の実在性	・HTTPS 通信による通信ができる ・実在性が審査対象となるため, 　なりすましサイトで利用される可能性は低い ・ワイルドカード証明書として 　複数のサーバで共用できる
EV 証明書 Extended Validation	ドメインの 所有, 企業の実在性, 企業の 業務実態	・HTTPS 通信による通信ができる ・実在性, 業務実態が審査されるので信頼性が 　最も高い ・商取引を行うサーバで利用されることが多い ・ワイルドカード証明書として利用できない ・導入するには手間とコストがかかる

サーバ証明書の有効期間は,
2020 年に 2 年間から
約 1 年間(最大有効期間 397 日)に
短縮されています

ワンポイント

ワイルドカード証明書

サーバ証明書の CN 欄にワイルドカード文字(*)を含めると, 複数の
サーバでサーバ証明書を共有できます。たとえば CN を "*.masaru.
com" と指定した場合, www.masaru.com, mail.masaru.com で
同じサーバ証明書を利用することができます。

15

PKI

「公開鍵」と「秘密鍵」の対応関係を
保証する仕組み

PKI（Public Key Infrastructure の略）は，公開鍵と秘密鍵の対応関係を保証する仕組みです。**信頼できる第三者機関が，公開鍵と秘密鍵の対応関係を保証**します。

公開鍵の信頼性を保証する機関を認証局（CA）といいます。認証局はルート認証局を頂点とした階層構造になっていて，上位認証局と下位認証局は信頼関係を築きます。

認証局は階層構造で信頼関係をつくっている

たとえば，クライアントがHTTPS対応のWEBサーバにアクセスすると，WEBサーバからデジタル証明書（サーバ証明書）が送られます。クライアントはデジタル証明書の正当性を確認するために，デジタル証明書を発行した認証局のデジタル署名を検証します。

デジタル署名を検証するには，そのデジタル証明書を発行した認証局の公開鍵が必要です。無数に存在する認証局の公開鍵を事前にクライアントにインストールしておくことはできないため，クライアントは階層構造の上位にある認証局の公開鍵の情報をルート証明書としてインストールしておきます。通常，信頼できる認証局の公開鍵は，ルート証明書としてWEBブラウザやOSに組み込まれています。

認証局は階層構造になっており，**信頼できる認証局配下の認証局が発行したデジタル証明書は信頼できる仕組み**になっています。

PKI の役割

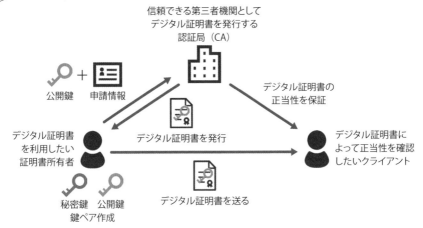

信頼できる第三者機関として
デジタル証明書を発行する
認証局（CA）

公開鍵　申請情報

デジタル証明書の
正当性を保証

デジタル証明書
を利用したい
証明書所有者

デジタル証明書を発行

デジタル証明書に
よって正当性を確認
したいクライアント

秘密鍵　公開鍵
鍵ペア作成

デジタル証明書を送る

認証局の階層構造

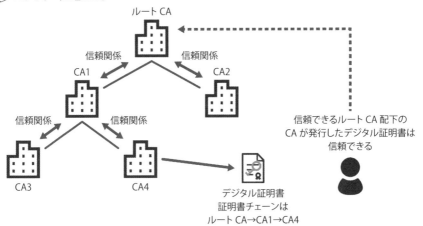

ルート CA

信頼関係　　　　　　信頼関係

CA1　　　　　　　　　CA2

信頼関係　　　信頼関係

CA3　　　　　　CA4

信頼できるルート CA 配下の
CA が発行したデジタル証明書は
信頼できる

デジタル証明書
証明書チェーンは
ルート CA→CA1→CA4

ワンポイント

証明書チェーン

デジタル証明書の検証には，階層構造を構成している各認証局のデジタル証明書が
必要です。階層構造を構成している認証局のリストを証明書チェー
ン，または認証パスといいます。WEB サーバはデジタル証明書（サ
ーバ証明書）を渡すときに，証明書チェーン内を構成する各認証局
のデジタル証明書をクライアントに渡すことで効率的に検証できる
ようにしています。

16 デジタル証明書の検証方法

デジタル証明書は信頼できるか？

　クライアントは，受け取ったデジタル証明書の正当性を検証します。検証して問題ないことが確認できれば，**デジタル証明書内の情報や公開鍵を信頼する**ことができます。

デジタル証明書の検証方法

　階層構造の下位に位置するCAが発行したデジタル証明書をサーバ証明書として利用する場合，WEBサーバはクライアントに自身のサーバ証明書と，証明書チェーンを構成する認証局（CA4, CA1）のデジタル証明書を送ります。

　受け取ったサーバ証明書は，CA4のデジタル署名が付与され，CA4のデジタル証明書はCA1のデジタル署名が付与されています。そして，CA1のデジタル証明書はルートCAのデジタル署名が付与されています。クライアントは事前に入手しているルートCAのデジタル証明書の公開鍵を利用して，CA1のデジタル証明書を検証し，CA1の公開鍵を取り出します。取り出したCA1の公開鍵を使ってCA4のデジタル証明書を検証し，CA4の公開鍵を取り出します。最終的に取り出したCA4の公開鍵によって，サーバ証明書を検証します。

　CAが信頼関係を結んだ階層構造になっているので，クライアントは必要最低限のルート証明書のみでデジタル証明書を検証することができます。

◎ 認証局の階層構造とデジタル証明書の検証方法

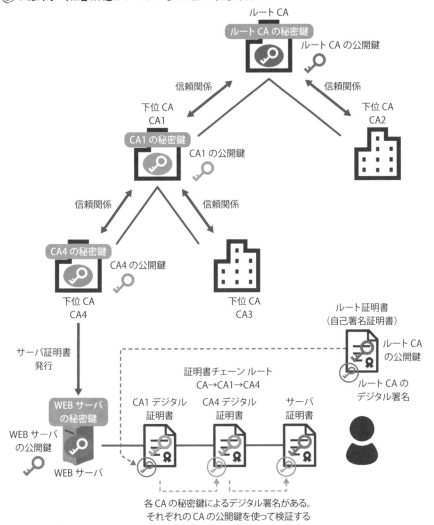

ワンポイント

自己署名証明書

自分の秘密鍵でデジタル署名したデジタル証明書を，自己署名証明書（別名オレオレ証明書）と言います。ルートCAは上位にCAが存在しないので，自分の秘密鍵を使ったデジタル署名を行い，自己署名証明書としてデジタル証明書を利用します。

CRL と OCSP

有効期間内のデジタル証明書を失効させる
仕組み

　有効期間が過ぎたデジタル証明書は，信頼できない証明書として効力を失います。しかし，秘密鍵の情報が流失してしまった場合などは，**有効期間内であってもデジタル証明書を失効させる**必要があります。有効期間内のデジタル証明書は，証明書失効リスト（CRL）に掲載することで失効扱いにすることができます。

　CRL はデジタル証明書と同じく，X.509 のフォーマットによって定義されています。デジタル証明書の検証時に CRL を確認することで，デジタル証明書の失効状態を確認できます。

CRL を自動で確認する OCSP

　クライアントは CRL をダウンロードすることでデジタル証明書の失効状態を確認できます。しかし，ダウンロードのタイミングによっては，最新の失効情報を参照することができません。**OCSP を利用すれば，リアルタイムにデジタル証明書の失効状態を調べることができます。**

　OCSP（Online Certificate Status Protocol）は，デジタル証明書の失効状態を確認するためのプロトコルです。失効情報を提供する OCSP サーバは認証局が運用しており，OCSP レスポンダと呼ばれます。

　OCSP クライアントは OCSP レスポンダと通信を行いデジタル証明書の失効状態をリアルタイムで調べます。しかし，OCSP レスポンダからのレスポンスが遅い場合，遅延が発生します。遅延を解消する技術として，サーバが事前に OCSP クライアントとして OCSP レスポンダからの情報を取得しておき，デジタル証明書と一緒に OCSP によって得られた情報を送る OCSP ステープリングという技術があります。

◎ 証明書の失効状態を調べる方法

①CRL をダウンロードする

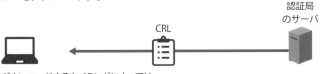

ダウンロードするタイミングによっては
失効情報が更新されていない場合がある

②OCSP を利用する

OCSP レスポンダからの応答が遅い
場合は通信に遅延が発生してしまう…

③OCSP ステープリングを利用する

事前に WEB サーバは OCSP クライアントとして
OCSP レスポンダから失効情報を取得しておく

サーバがデジタル証明書と OCSP の応答をセットで送ると，
クライアントは OCSP レスポンダに接続する必要がなくなり
効率的にデジタル証明書の失効状態を確認できます

ワンポイント

有効期限切れのデジタル証明書は CRL から削除される

CRL には，有効期間内で失効させたいデジタル証明書の情報が記載されます。CRL に記載された失効状態のデジタル証明書の有効期限が過ぎた場合，そのデジタル証明書の情報は CRL から削除されます。

コラム 皆さんはどのようなパスワードを利用していますか？

IPA は安心なパスワードを次のように定義しています。

- 最低でも 10 文字以上の文字数で構成されている
- パスワードの中に数字や，「@」「%」「"」などの記号も混ぜている
- パスワード内のアルファベットに大文字と小文字の両方を入れている
- サービスごとに違うパスワードを設定している

IPA の調査によると，7 割以上の人がパスワードを使い回しているという結果も出ているようです。この調査結果から IPA はコアパスワードを作成して，サービスごとに異なるパスワードを利用する具体的な方法を紹介しています。

たとえば，コアパスワードを「Masaru5kaku!」とした場合，登録サービス abc クラウドのパスワードは「abcMasaru5kaku!」。登録サービスいろは銀行のパスワードは「irhMasaru5kaku!」のように，サービスごとの識別子をコアパスワードの前または後ろに追加します。このようにパスワードを作成することでパスワードの使い回しを回避することができます。

◎ パスワード管理アプリもおすすめ

現在は「1Password」などのパスワード管理アプリも使いやすくなっています。パスワード管理アプリを利用することで，すべてのパスワードを一括管理できる上に，利用者が覚えておくのはマスターパスワードだけで良い仕組みになっています。

参考：IPA「不正ログイン被害の原因となるパスワードの使い回しは NG」
https://www.ipa.go.jp/security/anshin/attention/2016/mgdayori20160803.html

第 3 章

ネットワーク
セキュリティ

誰とでもつながることができる
ネットワークはとても便利です。
しかし，侵入や攻撃の経路として
悪用される危険性もあります。
安全にネットワークが利用できるように，
ネットワークセキュリティについて学びましょう。

TCP と UDP

TCP は信頼性のある通信，UDP は軽量で
即時性のある通信

インターネットは主に IP というプロトコルを使って通信しています。しかし，IP はベストエフォート型の通信であり，**確実に相手に届ける信頼性がありません**。IP とともに TCP を利用することで**信頼性のある通信を実現**できます。

信頼性のある通信を実現する TCP

TCP はデータを送る前に**スリーウェイハンドシェイクを行い，コネクションを確立**します。スリーウェイハンドシェイクは，SYN,SYN+ACK,ACK の順番でやり取りを行います。

TCP ヘッダに含まれる**シーケンス番号と確認応答番号**は，分割したパケットの順序を管理します。シーケンス番号はパケットの順番を表し，確認応答番号は次に送信してほしいパケットのシーケンス番号を表します。シーケンス番号と確認応答番号をやり取りすることで大きいデータをパケットに分割して送っても，受信側では正しい順序でパケットを元のデータに再構築できます。

即時性のある通信を実現する UDP

UDP は**即時性が求められる通信や，軽量な通信で利用される**プロトコルです。TCP のようなコネクションをつくることがないので，**コネクションレス型**といわれます。

信頼性はなく，送信側は受信側が正しくデータを受信できたかわかりません。しかし，UDP はシンプルなつくりになっているため，リアルタイム性が求められる通信や，データを分割する必要のない軽量な通信に向いています。たとえば WEB 会議の通信，DNS の通信の場合は，UDP が利用されることが多いです。

◎ 各プロトコルの特徴

プロトコル	特徴
IP	ネットワーク層 パケット通信 コネクションレス / ベストエフォート
TCP	トランスポート層 コネクション型通信 スリーウェイハンドシェイク ※信頼性の高い通信に利用される
UDP	トランスポート層 コネクションレス型通信 ※即時性の高い通信に利用される

信頼性が求められる場合は TCP，
即時性が求められる通信や
軽量な通信には
UDP が向いています

◎ TCP ヘッダ

1 2 3 4 5 6 7 8 9 10 11 12 13 14 15 16	17 18 19 20 21 22 23 24 25 26 27 28 29 30 31 32	
送信元ポート番号	宛先ポート番号	TCP ヘッダ
シーケンス番号		
確認応答番号		
データオフセット / 予約 / コントロールフラグ	ウインドウサイズ	
チェックサム	緊急ポインタ	
オプション	パディング	
データ		TCP ペイロード

シーケンス番号，確認応答番号などによって信頼性の高い通信を実現している

◎ UDP ヘッダ

1 2 3 4 5 6 7 8 9 10 11 12 13 14 15 16	17 18 19 20 21 22 23 24 25 26 27 28 29 30 31 32	
送信元ポート番号	宛先ポート番号	UDP ヘッダ
パケット長	チェックサム	
データ		UDP ペイロード

シンプルな構成になっており，即時性の高い通信を実現している

ワンポイント

スリーウェイハンドシェイクを使った攻撃

TCP のスリーウェイハンドシェイクに関わる問題は頻出されます。
スリーウェイハンドシェイクの仕組みを理解することで，SYN フ
ラッド攻撃などの仕組みが理解しやすくなります。

ファイアウォール

ネットワークの間に設置される境界型防御の要

ファイアウォールはネットワークの境界に設置され，**内部ネットワーク，外部ネットワーク，DMZ 間の通信を制御**します。

ファイアウォールが制御する3つのネットワーク

ファイアウォールは各ネットワークの境界に設置されることが多く，**それぞれのネットワーク間の通信を制御**します。

内部ネットワークは，外部に公開したくない機密性の高いネットワークです。外部ネットワークは，内部ネットワークの管理者が制御できないネットワークで，インターネットなどが該当します。

DMZ は，外部に公開したいサーバなどを置くためのネットワークです。

フィルタリングルールは上から順番に適用される

ファイアウォールのフィルタリングルールは頻出項目なので，読み取れるようにしましょう。

通常，フィルタリングルールは**上から順番にルールが適用され，最初に合致したルールが採用**されます。

さらに，ダイナミックパケットフィルタリングで記載されていることが多いのも特徴です。ダイナミックパケットフィルタリングは，**フィルタリングルールでどちらか一方の通信（基本的には内部ネットワークから外部ネットワークへの要求の通信）のみを設定する**ことで，その要求に関する応答のメッセージは自動で許可されるという仕組みです。ダイナミックパケットフィルタリングを利用することによって，柔軟に通信を制御できるようになります。

◎ ファイアウォール（FW）による境界防御

外部ネットワーク　　　　　FW　　　　　　内部ネットワーク
（インターネット）　　　　　　　　　　　（業務サーバ）

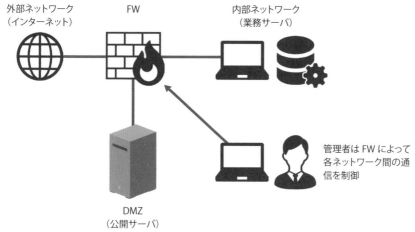

管理者は FW によって
各ネットワーク間の通
信を制御

DMZ
（公開サーバ）

◎ FW のフィルタリングルール（ダイナミックパケットフィルタリング機能をもつ）

ルールは上から適用される

番号	宛先	送信元	サービス	動作	ログ取得
1	インターネット	内部ネットワーク	HTTP HTTPS	許可	する
2	DMZ	インターネット	HTTP HTTPS	許可	する
3	DMZ	内部ネットワーク	HTTP HTTPS	許可	する
…	…	…	…	…	…
30	すべて	すべて	すべて	拒否	しない

29 までルールが当てはまらない場合は，30 のルールですべての通信を拒否する

ワンポイント

ルータとファイアウォールのアクセス制御は何が違う？

ルータもファイアウォールのようにアクセス制御することができます。それでもファイアウォールを利用してアクセス制御をする理由は，ファイアウォールのほうが柔軟なアクセス制御やログ管理ができるためです。ファイアウォールでアクセス制御することで，ルータの負荷を下げる狙いもあります。

03

WAF

WEB アプリケーションの防御に特化した
ファイアウォール

　WEB サーバは，攻撃対象として狙われやすいサーバです。WEB サーバに特化した防御を行う WAF（Web Application Firewall）を導入することで WEB サーバのセキュリティ強度を高めることができます。

WAF とファイアウォールの違い

　ファイアウォール（FW）は主に IP アドレスの情報やポート番号の情報をもとに通信を監視し，通信を制御します。しかし，WEB サーバに対する攻撃は多様化しており，ファイアウォールだけでは WEB サーバを守り切ることが難しくなっています。そこで **WAF を導入し，アプリケーションレベルで通信を監視し，通信を制御**します。

　WAF を導入することで SQL インジェクションや，クロスサイトスクリプティングなどの WEB アプリケーションの脆弱性を狙った攻撃を防御することができます。

　しかし，WAF で検知できる攻撃は既知の攻撃パターンのものであることが多く，未知の攻撃を防ぐことはできません。根本的に攻撃を防ぐためには，脆弱性のあるソフトウェアのアップデートや，セキュアコーディング，セキュア設定を行い WEB アプリケーションの脆弱性をなくすことが大切です。

HTTPS 通信は注意が必要

　HTTPS の通信はクライアントとサーバ間で暗号化されているので，**WAF で監視することができません**。HTTPS の通信を監視対象にする場合は通信内容を暗号化，復号できる **SSL アクセラレーション機能**などを利用する必要があります。

◎ WAF の防御範囲

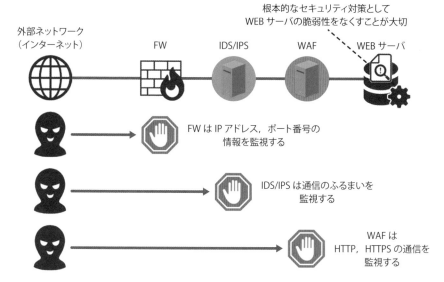

根本的なセキュリティ対策として
WEB サーバの脆弱性をなくすことが大切

外部ネットワーク
（インターネット）　　FW　　IDS/IPS　　WAF　　WEB サーバ

FW は IP アドレス，ポート番号の
情報を監視する

IDS/IPS は通信のふるまいを
監視する

WAF は
HTTP，HTTPS の通信を
監視する

◎ WAF の方式

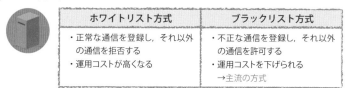

ホワイトリスト方式	ブラックリスト方式
・正常な通信を登録し，それ以外の通信を拒否する ・運用コストが高くなる	・不正な通信を登録し，それ以外の通信を許可する ・運用コストを下げられる 　→主流の方式

ワンポイント

WAF の 2 つの方式

WAF には，事前に登録した正常な通信と一致する通信のみを通過させるホワイトリスト方式と，攻撃と見られる通信として登録した条件に一致する通信のみを遮断するブラックリスト方式があります。ブラックリスト方式のほうが運用コストは小さく，利用されることが多いです。

IDS

脅威となる不正通信を検知し，
通知するシステム

　IDS（Intrusion Detection System）は，侵入検知システムと呼ばれます。サーバやパソコンなどのログや，ネットワーク上のパケットを監視し，**脅威とみられる通信が発生した場合に管理者へ通知**します。

　IDS は検知と通知を行いますが，原則として通信を遮断するなどの防御は行いません。

IDS にはホスト型とネットワーク型がある

　IDS は，ホスト型 IDS とネットワーク型 IDS があります。

　ホスト型 IDS は監視対象の機器にインストールして，**インストールした機器の通信を監視**します。

　ネットワーク型 IDS はネットワーク上に機器を設置して，ネットワーク内に流れる通信を監視します。

　監視対象の通信が IDS 本体を通過するように設置するインラインモードもありますが，よく利用されるのは，プロミスキャスモードです。プロミスキャスモードでは，IDS をスイッチのミラーポートに接続することで監視対象の通信を取得します。

　ホスト型 IDS とネットワーク型 IDS を比べると，ネットワーク型 IDS のほうがネットワーク内の複数の機器を監視できるので好ましく感じるかもしれませんが，**ネットワーク型 IDS は HTTPS などの暗号化通信を監視できません**。一方，**ホスト型 IDS はホストが復号した情報を元に監視できるので暗号化通信も監視できます**。

◎ IDS は不正な通信を検知して管理者に通知する

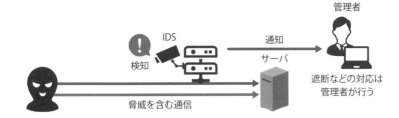

◎ ネットワーク型 IDS とホスト型 IDS

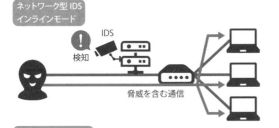

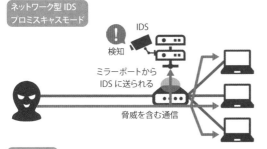

ホスト型 IDS は
HTTPS などの暗号化通信
も監視できます

📖✏️ ワンポイント

IDS の検知レベルの調整

IDS による通知が頻発すると，重要な通知を見逃すおそれがあります。適切なレベルで IDS が通知するように検知レベルを調整する必要があります。

05
IPS

不正通信を検知したら「防御」まで行うシステム

IPS（Intrusion Prevention System）は**脅威となりうる通信を検知し，自動的に防御も行います**。

前項で学習した IDS は脅威となりうる通信を検知した場合，管理者に通知を行うだけで防御は行いませんでしたが，IPS は自動で防御まで行います。自動で防御を行うことで，攻撃による被害を迅速に抑える効果が期待できます。

IPS は「誤って遮断する可能性」を考慮する

IPS は，**検知とともに防御（遮断）することで被害を最小限に抑えること**が可能です。

しかし，正常な通信を誤って検知して遮断する可能性があります。誤った防御（遮断）による影響を考慮して，IPS を利用するか，IDS を利用するかを判断する必要があります。

IPS にはネットワーク型とホスト型がある

IDS と同じく IPS も，ネットワーク型 IPS とホスト型 IPS の 2 種類があります。

2 つの型の基本的な特徴は IDS で説明した通りです。しかし，ネットワーク型 IPS を利用する場合，**脅威のある通信を防御できるようにインラインに機器を設置**する必要があります。

◎ IPS は不正な通信を検知して自動で防御する仕組み

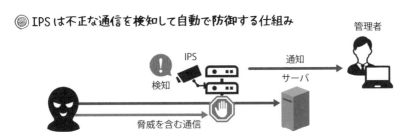

◎ ネットワーク型 IPS とホスト型 IPS

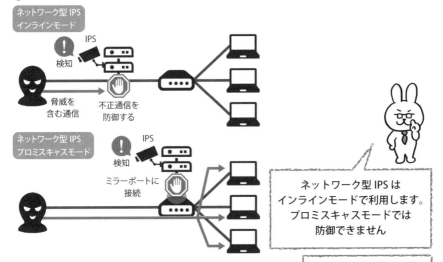

ネットワーク型 IPS は
インラインモードで利用します。
プロミスキャスモードでは
防御できません

ホスト型 IPS は
HTTPS などの暗号化通信
も監視できます

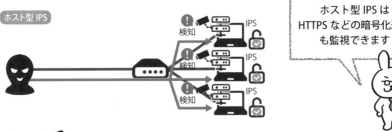

ワンポイント

IPS と IDS の必要性

外部からの攻撃はファイアウォールで防げますが，内部からの攻撃
はファイアウォールで防ぐことができません。ウイルスに感染した
PC が内部ネットワークに接続された場合，IDS や IPS によるセキ
ュリティ対策が重要になります。

06 検知方式と誤検知

不正通信の検知方式は2つに分けられるが，その精度は完璧ではない

　不正通信を検知する仕組みは，大きくシグネチャ型と，アノマリ型に分けられます。しかし，不正通信の検知は完全な精度で行うことはできません。フォールスポジティブとフォールスネガティブが発生することを考慮する必要があります。

シグネチャと一致する通信を検知する「シグネチャ型」

　シグネチャ型は**不正通信のパターンをデータベースで管理**（管理する攻撃パターンを**シグネチャ**といいます）して，不正通信を検知する方法です。あらかじめ管理しているパターンを基に検出を行うので，既知の攻撃はほぼ確実に検出できます。

正常な状態から外れたふるまいを検知する「アノマリ型」

　アノマリ型は**正常な状態と比較して，異常なふるまいを検知**します。たとえば，日勤の社員が真夜中に機密情報を管理するサーバにアクセスしていた場合は，異常なふるまいとして検知します。正常な状態と比較することで検知を行うため，**未知の攻撃も検知**できる可能性があります。

　しかし，アノマリ型は正常な状態をデータとして収集する必要があるため，導入するまでに時間がかかります。

フォールスポジティブとフォールスネガティブ

　不正通信を完全な精度で検知することは難しく，正常な通信を不正な通信と判断する**フォールスポジティブ**と，不正な通信を正常な通信だと判断する**フォールスネガティブ**が発生することがあります。

　この2つはトレードオフの関係となっており，一方だけを調整することはできません。

◎ シグネチャ型とアノマリ型

	シグネチャ型	アノマリ型
比較対象	攻撃パターン （シグネチャ）	正常な状態
導入時	導入しやすい	導入に時間がかかる
検知	既知の攻撃が 検知対象	未知の攻撃も 検知が期待できる

> シグネチャ型はシグネチャと比較，
> アノマリ型は正常な状態と比較して検知します

◎ フォールスポジティブとフォールスネガティブ

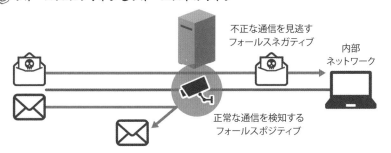

不正な通信を見逃す
フォールスネガティブ

内部
ネットワーク

正常な通信を検知する
フォールスポジティブ

📖✒️ ワンポイント

フォールスポジティブ，フォールスネガティブの覚え方

ポジティブは陽性であり，検知を意味します。ネガティブは陰性であり，検知しないことを意味します。フォールスは「誤っている」という意味なので，フォールスポジティブは誤って異常な通信であると検知したことを意味しています。反対にフォールスネガティブは誤って正常な通信であると判断して検知しなかったことを意味します。

07 フォワードプロキシと リバースプロキシ

プロキシサーバの役割と，
その特徴を確認しよう

プロキシサーバは，**クライアントと WEB サーバの通信を代理**します。WEB ページの内容をキャッシュすることで，不要な通信を減らし，クライアントへの応答時間を短縮します。

また，**認証機能**や**フィルタリング機能**を利用して，セキュリティ強度を高めることもできます。

フォワードプロキシとは

フォワードプロキシは，内部ネットワークからインターネットに接続する通信を代理します。代理することによって，**内部ネットワークの情報を隠蔽できます**。

フィルタリング機能を利用すると，危険なサイトや不必要なサイトにアクセスしないように制限できます。また，認証機能を利用すれば，クライアント端末がウイルスに感染した際，攻撃者のサーバとの通信を遮断することもできます。さらにログ機能は，通信ログの調査に利用できます。

リバースプロキシとは

リバースプロキシサーバは，DMZ でインターネットから通信を待ち受け，内部サーバへの通信を代理します。リバースプロキシで通信を受けることで，経路を一本化してセキュリテイ強度を高めたり，内部サーバへの負荷分散を行うことができます。

◎ プロキシサーバによるクライアント隠蔽

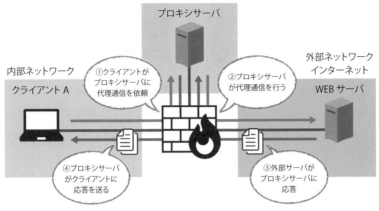

WEB サーバから見ると，クライアントはプロキシサーバであり
クライアント A の情報はわからない

◎ プロキシサーバによる認証機能

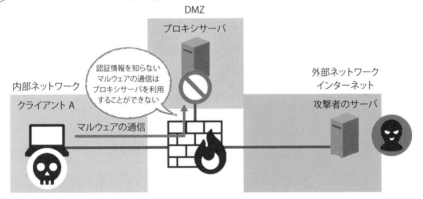

認証機能によりプロキシサーバの利用を制限する
マルウェアはプロキシサーバを利用できず外部ネットワークと通信できない

📖✎ ワンポイント

プロキシサーバを利用するメリット

近年の WEB ページは動的なコンテンツが多く，プロキシサーバで
キャッシュすることが難しくなっています。キャッシュ機能による
通信量の緩和よりも，セキュリティ対策として内部ネットワーク端
末の隠蔽，フィルタリング機能，認証機能，ログ機能を目的に，プ
ロキシサーバが利用されることが多くなっています。

VPN

安全に通信するために仮想的な専用線をつくる

VPN は暗号化，認証，改ざん検知によって安全性の高い通信を実現します。専用線は高額なコストがかかります。VPN を使えば，安全性の高い通信を適切なコストで実現することができます。

インターネット VPN と IP-VPN

VPN はインターネット網を利用する**インターネット VPN** と，通信事業者の網を利用する **IP-VPN** があります。

インターネット VPN はインターネットにアクセスできる環境があれば利用できるため，導入コストを抑えることができます。

IP-VPN は通信事業者が用意した網を利用するため，導入コストは高くなります。しかし，通信品質が保証されており，安定したセキュアな通信が期待できます。主に **IP-VPN は拠点間の VPN 通信で利用**されます。

トランスポートモードとトンネルモード

IPsec（次項参照）を使って VPN を利用する場合には 2 つのモードがあります。**トランスポートモード**は，クライアントに VPN ソフトをインストールするなどしてエンドツーエンドで暗号化通信を行います。

トンネルモードはクライアントが送りたいデータを VPN 機器に送り，VPN 機器が暗号化通信に関する処理を行います。クライアントは，暗号通信を意識することなく暗号通信を行えます（各モードの詳細については，98 ページの「VPN の暗号化範囲と認証範囲」をご参照ください）。

◎ インターネット VPN

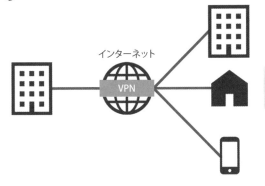

・コストが安い
・どこでも利用できる

◎ IP-VPN

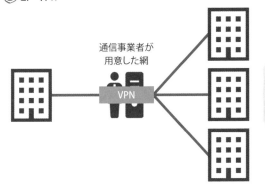

・通信品質が保証される
・拠点間通信で利用されることが
　多い

ワンポイント

VPN の種類とモードの特徴

VPN の種類は，インターネット VPN と IP-VPN があります。
IPsec を使って VPN を実現する場合のモードは，トランスポート
モードとトンネルモードがあります。それぞれがどのような場合に
利用されるのかを把握しておきましょう。

IPsec

アイピーセック

IPsec は，**インターネット VPN で利用される安全な通信を提供する仕組みです。IPsec は仕組み**であり，IPsec というプロトコルがあるわけではありません。

IPsec は AH，ESP，IKE という 3 つのプロトコルで構成されます。AH は認証を行うプロトコル，ESP は暗号化通信と認証を行うプロトコル，IKE は鍵交換をするプロトコルです。

AH と ESP はどちらか一方が利用されることが多く，日本は暗号化通信が許可されているため ESP を利用することが多いです。暗号化通信が許可されていない国や地域では，AH を利用します。

IPsec の SA

IPsec は，SA（Security Association）というコネクションをつくって通信を行います。

ISAKMP SA は制御用の通信を行うための SA で，双方向で利用されます。IPsec SA は実際の暗号化通信に利用される SA です。片方向ずつ確立できるので，通信先に合わせて柔軟に IPsec が利用できるようになっています。**SA は IKE によってつくられ，全部で 3 つの SA が確立**されます。

IPsec 通信の大まかな流れ

IPsec で通信できるようにするためには，まず ISAKMP SA をつくるためのパラメータを交換して，ISAKMP SA をつくります。ISAKMP SA を利用して，IPsec SA をつくるためのパラメータの情報や，暗号化通信するための共通鍵の情報を交換します。IPsec SA ができると，IPsec SA を利用した暗号化通信ができるようになります。

◉ IPsec を構成する 3 つのプロトコル

プロトコル	役割
AH （Authentication Header）	認証，改ざん検知を行う 暗号化通信ができない場合に利用する
ESP （Encapsulated Security Payload）	認証，改ざん検知，暗号化を行う 暗号化通信ができる場合に利用する
IKE （Internet Key Exchange）	SA のコネクションを確立するために 鍵の情報交換をしたり，パラメータを交渉する 接続時のユーザ認証，機器の認証も行う

◉ IPsec で確立される SA

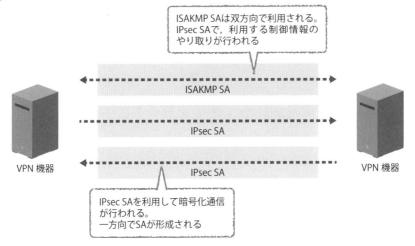

ISAKMP SAは双方向で利用される。
IPsec SAで，利用する制御情報の
やり取りが行われる

ISAKMP SA

IPsec SA

IPsec SA

VPN 機器

VPN 機器

IPsec SAを利用して暗号化通信
が行われる。
一方向でSAが形成される

📖 ワンポイント

IPsec で覚えておきたいこと

IPsec は AH，ESP，IKE の 3 つのプロトコルで構成されます。
ISAKMP SA をつくって制御情報のやり取りを行い，IPsec SA を
利用して暗号化通信を行います。

10 IKE のモード

鍵交換プロトコルの 2 つのモードの違いを理解しよう

IPsec は共通鍵暗号方式でデータを暗号化するため，共通鍵を安全に交換する必要があります。そこで，鍵交換プロトコル IKE を利用します。

IKE はバージョン 1 とバージョン 2 がありますが，本項では試験に出やすい IKE バージョン 1 を取り上げます。

IKE の 2 つのフェーズ

IKE バージョン 1 には 2 つのフェーズがあります。フェーズ 1 は ISAKMP SA を確立し，フェーズ 2 で IPsec SA を確立します。

フェーズ 1 は認証方法によってメインモード，アグレッシブモードがあります。

拠点間通信で利用される「メインモード」

メインモードは認証情報として，IP アドレスを利用します。IP アドレスが固定されている必要があるため，VPN 機器を用意した拠点間通信で利用されることが多いモードです。

モバイル端末で利用される「アグレッシブモード」

アグレッシブモードは認証情報として IP アドレス以外（たとえば独自に設定した値）を利用します。

IP アドレスを認証情報として利用しないため，IP アドレスが固定されている必要はありません。モバイル端末などの VPN 通信で利用されることが多いモードです。

◎ メインモード

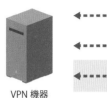

ISAKMP SA のパラメータ交渉

鍵情報の交換

ISAKMP SA 確立

VPN 機器
IP アドレス固定

VPN 機器
IP アドレス固定

◎ アグレッシブモード

情報をまとめて送ることで簡略化。
ID送付は暗号化されていない状態
で送られる

Responder
受動側

暗号化するためのパラメータを交渉
鍵情報の交換
ID の送付

Initiator
始動側

制御情報の交換

ISAKMP SA 確立

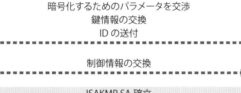

VPN 機器
IP アドレス固定

IP アドレス固定で
なくても OK

ワンポイント

IKE モードの違い

アグレッシブモードは、メインモードに比べてやり取りが簡略化されているため、セキュリティ強度はメインモードに劣ります。しかし、アグレッシブモードは IP アドレスの固定が必要ないため、利便性が高いモードです。

11 VPN の暗号化範囲と認証範囲

利用モードによって暗号化と認証の範囲が
変わる

IPsec を利用した VPN には，トンネルモードとトランスポートモードが
あります。

トンネルモードは，VPN 機器で新しい IP ヘッダをつける方法で，オリジ
ナルの IP アドレスを隠蔽できます。トランスポートモードは，オリジナル
の IP ヘッダはそのまま利用します。

トンネルモード（ESP を利用した場合）

トンネルモードの暗号化範囲は，オリジナルの IP ヘッダから ESP トレー
ラまでです。認証範囲は ESP ヘッダから ESP トレーラまでです。

オリジナルの IP ヘッダと新しい IP ヘッダの間には，暗号化するための制
御情報を格納した ESP ヘッダがあります。ESP ヘッダを暗号化すると復号
に必要な制御情報が見えなくなるため，暗号化できません。一方，**オリジナ
ルの IP ヘッダは暗号化されます**。

トランスポートモード（ESP を利用した場合）

トランスポートモードの暗号化範囲は，TCP/UDP ヘッダから ESP トレー
ラまでです。認証範囲は ESP ヘッダから ESP トレーラまでです。

オリジナルの IP ヘッダを使ってパケットを届けるので，**オリジナルの IP
ヘッダは暗号化されません**。

ESP 認証データと ESP トレーラ

ESP 認証データは，データの改ざん有無を調べるためのデータです。ESP
トレーラは，データ長を調整するためのデータです。一定の大きさに満たな
い場合は，ESP トレーラによってデータ長を調整して暗号化を行います。

⊚ ESP を使ったトンネルモードの暗号化範囲, 認証範囲

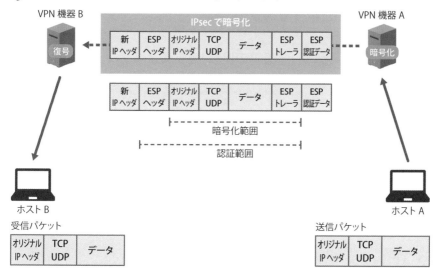

⊚ ESP を使ったトランスポートモードの暗号化範囲, 認証範囲

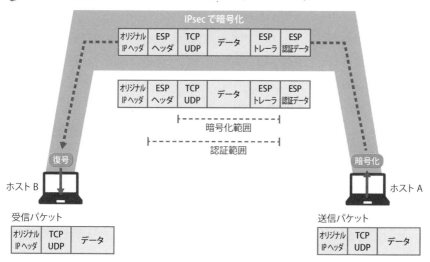

無線 LAN の基本

「規格」「周波数」「接続の流れ」を覚えよう

　無線 LAN は配線が不要で，端末の移動が簡単にできるため，広く普及しています。無線 LAN の規格は IEEE802.11 によってまとめられており，現在よく利用されているのは IEEE802.11n，IEEE802.11ac，IEEE802.11ax です。2023 年現在，徐々に **IEEE802.11ax が普及し**つつあります。

2.4GHz と 5GHz の特徴

　無線 LAN は規格によって，利用できる周波数が異なります。無線 LAN で利用される 2.4GHz と 5GHz の周波数の特徴も覚えておきましょう。

　2.4GHz は回り込む特性があるため，障害物に強い特徴があります。さまざまな機器で利用されており，その他機器の電波の影響を受けやすい特徴もあります（電子レンジの電波によって 2.4GHz の無線通信がつながりにくくなることがあります）。

　一方，5GHz は他機器の電波の影響を受けにくく，安定した通信が期待できます。しかし，直進性が強く，回り込みをしにくいため，**障害物があると電波が届きにくくなります**。

無線 LAN 接続の流れ

　通常アクセスポイントは，ビーコンによって管理しているネットワークの情報をまわりに通知しています。

　ビーコンを受信したクライアント端末は，接続したいネットワークを指定して接続要求を行います。設定に基づいた認証を行い，暗号通信のための制御情報をやり取りして，暗号化通信を開始します。

◎ 主要な無線 LAN の規格

規格	最大伝送速度	周波数帯域
IEEE802.11n （Wi-Fi4）	600Mbps	2.4GHz 5GHz
IEEE802.11ac （Wi-Fi5）	6.9Gbps	5GHz
IEEE802.11ax （Wi-Fi6）	9.6Gbps	2.4GHz 5GHz

◎ 2.4GHz と 5GHz の比較

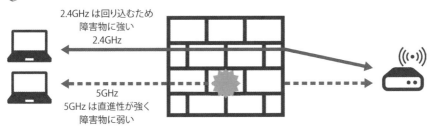

2.4GHz は回り込むため
障害物に強い
2.4GHz

5GHz
5GHz は直進性が強く
障害物に弱い

◎ 無線 LAN 接続の流れ

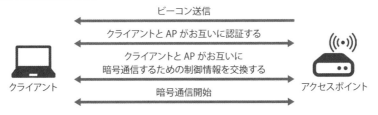

ビーコン送信

クライアントと AP がお互いに認証する

クライアントと AP がお互いに
暗号通信するための制御情報を交換する

暗号通信開始

クライアント

アクセスポイント

ワンポイント

IEEE802.11ax は，別名「Wi-Fi6」

Wi-Fi の最新規格として登場した IEEE802.11ax は，わかりやすく認知してもらうために Wi-Fi6 という別名がつけられました。それに伴い，これまで利用していた IEEE802.11ac には Wi-Fi5，IEEE802.11n には Wi-Fi4 という別名がついています。

13 無線 LAN のセキュリティ規格

無線 LAN 通信は盗聴されないようなセキュリティ対策が必須

　無線 LAN の電波は不特定多数に届いてしまうため，**無線クライアントとアクセスポイント間は暗号化通信する**必要があります。

　暗号化通信するための無線 LAN のセキュリティ規格は WEP，WPA，WPA2，WPA3 があります。WEP と WPA の利用は非推奨です。現在主流の WPA2 も KRACKs という脆弱性が発見されたことを受けて，より安全なセキュリティ規格として WPA3 の普及が進んでいます。

暗号化プロトコルと暗号化規格の違い

　無線 LAN のセキュリティ規格は，暗号化プロトコルと暗号化規格の 2 つを覚えましょう。

　暗号化プロトコルは，暗号化通信するための一連の枠組みです。暗号化されたデータをどのように制御するのか取り決めます。実際に**暗号化を行うのは暗号化規格**です。

無線 LAN のセキュリティ規格の概要

　WEP の利用が推奨されない理由は，RC4 という暗号化規格の脆弱さにあります。RC4 を利用した暗号化通信は，ツールを利用することで簡単に解読されてしまいます。そこで，WPA は暗号化プロトコルを TKIP に変更し，解読に時間がかかるようにしました。しかし，脆弱な暗号化規格である**RC4 では，十分なセキュリティ強度を保つことはできません。**

　WPA2 は暗号化規格を AES，暗号化プロトコルとして CCMP を利用することでセキュリティ強度を高くしました。WPA2 は安全なセキュリティ規格として利用されていますが，さらに安全なセキュリティ規格として WPA3 の普及が進んでいます。

◎ 無線 LAN のセキュリティ規格

名称	暗号化規格	暗号化 プロトコル	安全性
WEP	RC4	WEP	×
WPA	RC4	TKIP	×
WPA2	AES	CCMP	○
WPA3	AES	CCMP	◎

◎ 暗号化プロトコルと暗号化規格の関係

暗号化プロトコル

暗号化規格

暗号化プロトコルの
構成要素の一つとして
暗号化規格があります

◎ 無線 LAN のセキュリティ規格の概要

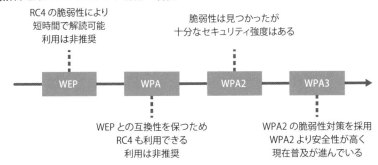

RC4 の脆弱性により
短時間で解読可能
利用は非推奨

脆弱性は見つかったが
十分なセキュリティ強度はある

WEP　WPA　WPA2　WPA3

WEP との互換性を保つため
RC4 も利用できる
利用は非推奨

WPA2 の脆弱性対策を採用
WPA2 より安全性が高く
現在普及が進んでいる

✎ ワンポイント

非推奨を利用する理由を考える

WEP しか対応していない機器が無線 LAN に存在する場合,「WEP
を使わせない」というセキュリティ対策は実施できません。WEP 利
用端末を別ネットワークに分けるなど, 状況に合わせたセキュリティ
対策を検討する必要があります。

14 パーソナルモードとエンタープライズモード

パーソナルモードは事前共有鍵で，エンタープライズモードは認証サーバで認証する

　無線 LAN は有線 LAN と違って，物理的にアクセス制御することが困難です。そこで無線 LAN では，正規のクライアントだけが接続できるように，**技術的にアクセス制御**を行います。

　アクセス制御には，パーソナルモードとエンタープライズモードがあります。

家庭などで利用される「パーソナルモード」

　パーソナルモードは，クライアントとアクセスポイントに**事前共有鍵（Pre-Shared Key:PSK）を設定して認証**を行います。クライアントとアクセスポイントは事前共有鍵の情報を利用して認証，暗号化，改ざんの確認を行います。パーソナルモードは導入ハードルが低く，家庭や小規模なオフィスでの利用に向いています。

　しかし，事前共有鍵の情報はクライアント単位で設定，管理することはできません。もし事前共有鍵の情報が流出してしまった場合，利用しているクライアント全体の事前共有鍵を変更する必要があります。

中規模以上のオフィスで利用される「エンタープライズモード」

　エンタープライズモードは，**認証サーバ（IEEE802.1X 認証）を利用して認証**します。認証サーバでは正規のクライアント情報を管理しておき，接続してくるクライアント ID やパスワードの情報に基づいて認証を行います。認証結果が OK であれば，無線ネットワークに接続できます。

　エンタープライズモードは認証サーバを運用する必要があるため，導入ハードルは高くなります。しかし，クライアント単位で柔軟な制御ができるため，中規模以上の環境での利用に向いています。

パーソナルモード

事前にクライアントとアクセスポイントで鍵の情報を共有して認証する

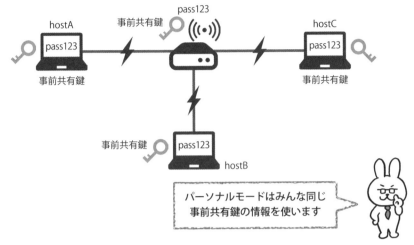

パーソナルモードはみんな同じ
事前共有鍵の情報を使います

エンタープライズモード

認証サーバを用意して，クライアントごとの認証情報に基づいて認証する

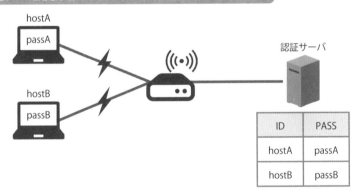

ID	PASS
hostA	passA
hostB	passB

ワンポイント

フリー Wi-Fi に潜む悪魔の双子攻撃

過去問題では，攻撃者が正規のアクセスポイントと同じ SSID とパスワードを設定した不正なアクセスポイントを用意して，クライアントの接続を誘導する事例が出題されました。このような攻撃を「悪魔の双子攻撃」といいます。

IEEE802.1X 認証

ネットワークに接続するユーザを認証するための仕組み

　無線 LAN のアクセス制御で利用されるエンタープライズモードは，IEEE802.1X を利用して認証を行います。**IEEE802.1X は，ネットワークに接続するユーザを認証するための仕組み**です。

　サプリカント，オーセンティケータ，認証サーバの 3 要素で構成されます。サプリカントは認証されるクライアントのソフトウェア，オーセンティケータは認証要求を受けるスイッチやアクセスポイント，認証サーバはユーザの認証情報を一元管理して認証を行うサーバです。

　IEEE802.1X は EAP という認証プロトコルに対応しており，サプリカントとオーセンティケータ間の通信は，イーサネットフレームのデータ部分に EAP パケットを格納した EAPOL（EAP over LAN）を利用します。

　オーセンティケータと認証サーバ間の通信は，認証を行うために一般的に RADIUS というプロトコルを利用するため，認証サーバを RADIUS サーバと表記する場合もあります。

EAP を使った 2 つの認証方式

　EAP を使った代表的な認証方式は，EAP-PEAP と EAP-TLS です。両者は**クライアントの認証方法に違い**があります。

　EAP-PEAP は，クライアント認証をする際に ID とパスワードを利用します。パスワードが流出すると不正アクセスが発生する可能性があります。

　EAP-TLS はクライアント認証にデジタル証明書（クライアント証明書）を利用します。デジタル証明書はクライアントにインストールされるため，パスワードよりも流出しにくく，セキュリティ強度を高めることができます。しかし，EAP-TLS はデジタル証明書の準備やインストールの手間などが発生するため，導入ハードルは高くなります。

◉ IEEE802.1X の構成要素

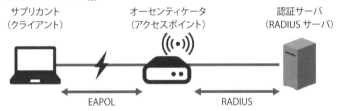

| サプリカント
(クライアント) | オーセンティケータ
(アクセスポイント) | 認証サーバ
(RADIUS サーバ) |

EAPOL　　　　　　RADIUS

◉ EAP を使った認証方式

認証方式	クライアント認証	サーバ認証
EAP-PEAP	ID/PASS	デジタル証明書
EAP-TLS	デジタル証明書	デジタル証明書

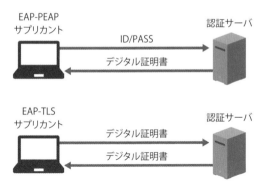

EAP-PEAP
サプリカント　　　　　　　　　認証サーバ
ID/PASS
デジタル証明書

EAP-TLS
サプリカント　　　　　　　　　認証サーバ
デジタル証明書
デジタル証明書

ワンポイント

IEEE802.1X の構成要素

IEEE802.1X は，サプリカント，オーセンティケータ，認証サーバ
で構成されます。構成要素間でどのようなやり取りが行われるのか，
プロトコルの名称も合わせて覚えておきましょう。

16 隠れ端末問題

端末同士で互いの通信を検出できずに
フレームが衝突する問題

無線 LAN は，CSMA/CA（Carrier Sense Multiple Access with Collision Avoidance）というアクセス制御を利用します。

CSMA/CA は送信前に電波の空き状況を確認して，空いていると判断した場合に送信フレームを送ることで衝突を避ける方法です。この仕組みによって複数の端末が効率よく電波を共用できます。

隠れ端末問題とは？

隠れ端末問題とは，**同じアクセスポイントに接続している機器がお互いの通信状況を確認できず，同時に送信フレームを送ることで衝突が発生してしまう問題**です。

たとえば，端末 A と端末 B の間に壁などの障害物がある場合，両端末は相手の電波利用状況を正確に確認することができません。その結果，同時にフレームを送ってしまい衝突が発生します。フレームが衝突すると再送処理が必要になり，スループットが低下します。

隠れ端末問題の解決策「RTS/CTS」

隠れ端末問題は，RTS（Request To Send）/CTS（Clear To Send）で解決できます。

送信フレームを送りたい端末は，送信前にデータの送信を知らせる RTS という制御フレームをアクセスポイントに送ります。RTS を受け取ったアクセスポイントは，データの送信を許可する CTS を全体に向けて送ります。他の端末は CTS の受信によって，自分以外の端末が送信をしようとしていることに気がつくことができるため，フレームの送信を待機します。

隠れ端末問題

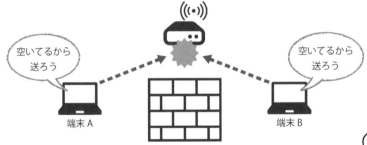

端末 A と端末 B は障害物によってお互いの通信が検出できず，
同時に送信フレームをアクセスポイントに送り衝突が発生しています

RTS/CTS

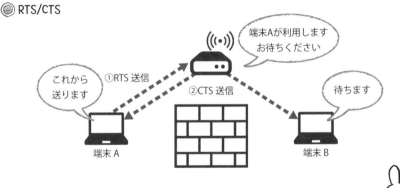

RTS/CTS を利用することで隠れ端末問題を解決できます

ワンポイント

RTS/CTS を常時利用すると効率が悪い

RTS/CTS による制御は，通信効率の低下を招く可能性があります。
そのため，一般的には通信失敗が何度か発生した場合に，RTS/
CTS による通信制御が開始される仕様になっています。

17 MACアドレスフィルタリングと SSIDステルス

「絶対に安全」とはいえない
無線LANのセキュリテイ機能

　無線 LAN のセキュリティ機能として，MAC アドレスフィルタリングと SSID ステルスがありますが，これらの機能は**十分なセキュリティ強度を担保することはできません**。

　その理由は，MAC アドレスの情報や SSID の情報を隠そうとしても，攻撃者は正規のクライアントの無線通信を盗聴することで，簡単に MAC アドレスの情報や SSID の情報を調べることができるからです。

MAC アドレスの情報は暗号化できない

　MAC アドレスフィルタリングは，接続を許可したい端末の MAC アドレスをあらかじめホワイトリストとして登録し，アクセス制御する機能です。登録されている MAC アドレスをもつ機器のみ接続できます。

　セキュリティ強度を高められそうな技術ですが，MAC アドレスの情報は暗号化できません。攻撃者は正規クライアントの通信を盗聴することで，許可 MAC アドレスの情報を調べられます。**攻撃者は許可 MAC アドレスに偽装**することで，不正に無線ネットワークに接続できてしまいます。

接続要求を盗聴して SSID を調べる

　SSID ステルスはアクセスポイントからのビーコンを停止させて，SSID の存在を隠蔽する方法です。接続したい場合は，クライアントから SSID を指定して接続する必要があります。

　隠蔽している SSID の情報を知っている人だけにアクセス制御できそうな技術ですが，正規のクライアントは隠蔽している SSID に接続するために接続要求をアクセスポイントに送ります。接続要求には SSID の情報が含まれるため，**攻撃者は正規のクライアントからの接続要求を盗聴することによって隠蔽している SSID の情報を知る**ことができます。

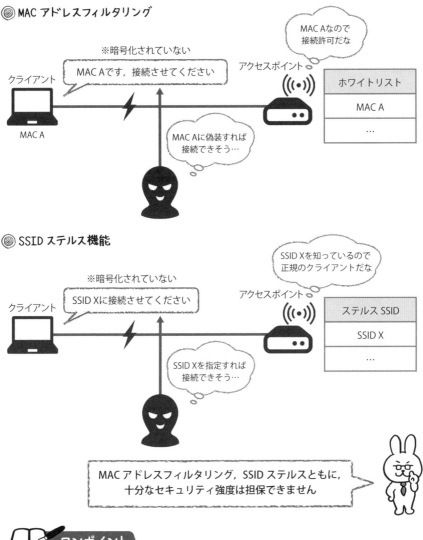

◎ MAC アドレスフィルタリング

◎ SSID ステルス機能

MAC アドレスフィルタリング，SSID ステルスともに，
十分なセキュリティ強度は担保できません

📖✍ ワンポイント

SSID と ESSID

SSID はネットワークの名前です。SSID に似た用語に ESSID があります。両者はほぼ同意義ですが，構成しているアクセスポイントの数によって使い分けます。1 台のアクセスポイントで構成される場合は SSID，複数台のアクセスポイントで構成される場合は ESSID（Extended SSID）と呼ばれます。

MACアドレスフィルタリングが使えないもう一つの理由

　前項では，無線LANのMACアドレスフィルタリングはMACアドレスの情報が暗号化されず，許可MACアドレスを攻撃者は調べることができてしまうため，十分なセキュリティ強度を担保できないと説明しました。

　しかし，それ以外にもMACアドレスの書き換え機能により，MACアドレスフィルタリングが使えない場合があります。MACアドレスは世界に一つのユニークな情報とされており，MACアドレスの情報をそのまま利用することは，匿名性を失うことになります。そこで匿名性を高める機能として，Windows10以降ではMACアドレスを別のMACアドレスに書き換える「ランダムMACアドレス」という機能が実装されています（スマートフォンにもランダムなMACアドレスを生成する機能が備わっているものがあります）。

　ランダムMACアドレスが有効な端末は，MACアドレスフィルタリングによって認証することができません。そのため，無線LANでMACアドレスフィルタリングを利用する場合，接続する端末はMACアドレスの書き換え機能をオフにするなどの運用が必要になります。MACアドレスフィルタリングはセキュリティ対策としては微妙で，運用面としても使いにくい技術になっています。

第 **4** 章

サーバ
セキュリィティ

サーバに機密情報を保存している企業は多く,
それらの情報を狙ったサイバー攻撃は
日々発生しています。
サーバセキュリティを怠ると,
機密情報の漏えいや社会的信用の失墜など,
事業に大きな損失を与えます。
そのようなことにならぬよう,
サーバセキュリティについて学んでいきましょう。

DNS サーバ

ドメイン名と IP アドレスの
対応関係を管理する

　DNS サーバは，ドメイン名と IP アドレスの対応関係を管理して変換するサーバです。

　ドメイン名と IP アドレスを変換する仕組みを**名前解決**といいます。DNS サーバはルート DNS サーバを頂点にした階層構造で，ドメイン名が重複しないように管理されています。

　たとえば，www.masaru.co.jp の場合，jp（日本）の co（営利組織）の masaru というドメインが管理している www と名付けられている機器を指します。ホスト名，ドメイン名（サブドメイン名）などすべてを省略せずに指定した記述形式のことを**完全修飾ドメイン（FQDN）**といいます。

コンテンツ DNS サーバとキャッシュ DNS サーバ

　コンテンツ DNS サーバは，管理しているドメイン内のドメイン名と IP アドレスの対応を管理します。コンテンツ DNS サーバに問い合わせを行うことで，名前解決を行うことができます。

　しかし，インターネット全体からコンテンツ DNS サーバへ問い合わせを行うと，コンテンツ DNS サーバに通信が集中します。そこで，キャッシュ DNS サーバを利用します。クライアントはキャッシュ DNS サーバに，コンテンツ DNS サーバへの問い合わせを代行してもらいます。要求に対して，キャッシュ DNS サーバが情報を保持していない場合はコンテンツ DNS サーバに問い合わせますが，情報を保持していればキャッシュ DNS サーバがクライアントに応答します。

　キャッシュ DNS サーバを利用することで，コンテンツ DNS サーバへの不要な通信を削減し，クライアントへの応答時間を短縮できます。

◎ 名前解決

www.masaru.co.jp のIPアドレスは?

IPアドレスは x.x.x.x です

DNS

> ドメイン名からIPアドレス（もしくはIPアドレスからドメイン名）へ変換することを名前解決といいます

◎ 完全修飾ドメイン

www.masaru.co.jp の場合

jp	日本の（TLD）
co	営利組織の（SLD）
masaru	masaru というドメインの（組織名）
www	www という機器（ホスト名）
www.masaru.co.jp	完全修飾ドメイン

◎ DNSサーバの役割と階層構造

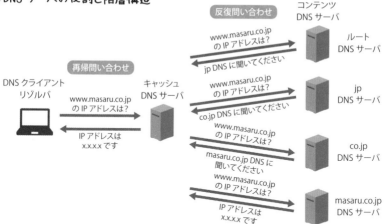

コンテンツ DNS サーバ

反復問い合わせ

www.masaru.co.jp の IP アドレスは?

jp DNS に聞いてください

ルート DNS サーバ

再帰問い合わせ

DNS クライアント リゾルバ

www.masaru.co.jp の IP アドレスは?

IP アドレスは x.x.x.x です

キャッシュ DNS サーバ

www.masaru.co.jp の IP アドレスは?

co.jp DNS に聞いてください

jp DNS サーバ

www.masaru.co.jp の IP アドレスは?

masaru.co.jp DNS に 聞いてください

co.jp DNS サーバ

www.masaru.co.jp の IP アドレスは?

IP アドレスは x.x.x.x です

masaru.co.jp DNS サーバ

ワンポイント

DNSはインターネットに必要不可欠

DNSはインターネットを支える重要な仕組みです。DNSサーバに障害が発生すると通信ができなくなるため，コンテンツDNSサーバはプライマリサーバとセカンダリサーバで冗長化することが推奨されています。

02 DNS キャッシュポイズニング

キャッシュ DNS サーバに偽の情報を注入し，
偽サイトに誘導する攻撃

DNS キャッシュポイズニングは，キャッシュ DNS サーバに偽の情報を記憶させることで偽サイトに誘導する攻撃です。

DNS キャッシュポイズニングの流れ

攻撃者は，偽の情報として登録したいドメイン名の名前解決をキャッシュ DNS サーバに行います。キャッシュ DNS サーバは情報を保持していない場合，コンテンツ DNS サーバに問い合わせを行います。**攻撃者は正規のコンテンツ DNS サーバよりも早く偽の応答を送ることで，キャッシュ DNS サーバに偽の情報を記憶させる**ことができます。

DNS キャッシュポイズニング対策

DNS キャッシュポイズニングを防ぐために，キャッシュ DNS サーバをオープンリゾルバにしないことが大切です。オープンリゾルバとは，不特定多数の外部から要求を受け付ける状態のことです。第三者がキャッシュ DNS サーバを利用できないようにして，攻撃されないようにします。

次に，キャッシュ DNS サーバが問い合わせに利用するポート番号がランダムになっていることを確認します。キャッシュ DNS サーバは，正規の応答をトランザクション ID とポート番号で判断しています。ポート番号が固定になっていると，トランザクション ID だけで正規の応答であるかを判断することになります。トランザクション ID のバリエーションは少なく，攻撃者の偽装が成功しやすくなります。ポート番号をランダムにすることで，応答の偽装が成立しにくくなります。

◎ DNS キャッシュポイズニング

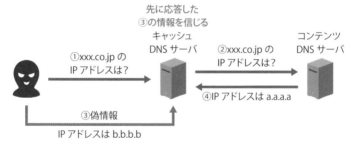

◎ DNS キャッシュポイズニング対策

オープンリゾルバにしない

ポート番号をランダムにする

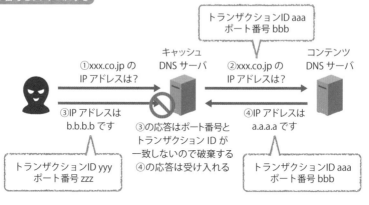

ワンポイント

DNS のトランザクション ID とは？

DNS のトランザクション ID は 16 ビットで構成されており，約 6 万 5000 通りです。ポート番号を固定にしている場合は，約 6 万 5000 分の 1 の確率でトランザクション ID が一致して，DNS キャッシュポイズニングが成功してしまいます。

DNSSEC

　DNS キャッシュポイズニングを抜本的に防ぐ対策として，DNSSEC（DNS Security Extensions）があります。

　DNSSEC は**コンテンツ DNS サーバからの応答にデジタル署名をつけることで，応答の正当性を確認する仕組み**です。

デジタル署名を検証することで応答の正当性を確認する

　DNSSEC 対応 DNS サーバは，DNSKEY レコードとして公開鍵を設定し，RRSIG レコードとして応答に付与するデジタル署名を設定します。クライアントからの問い合わせに対して，コンテンツ DNS サーバはデジタル署名をつけて応答メッセージを返します。

　キャッシュ DNS サーバは，正規の応答であるかを判断するためにデジタル署名（RRSIG）を，公開鍵（DNSKEY）を使って検証します。**デジタル署名を検証することで正規のコンテンツ DNS サーバからの応答であると判断できる**ため，DNS キャッシュポイズニングによる攻撃を防げます。

DNSSEC が再注目されている理由

　DNSSEC 自体は昔からある技術ですが，サーバとクライアントの両方が DNSSEC に対応している必要があることと，設定が難しいことから，なかなか普及が進みませんでした。

　しかし，DNSSEC は **DNS キャッシュポイズニングによる攻撃を防ぐための抜本的な対策**であることから近年注目されており，DNSSEC 対応の DNS サーバが増えてきています。

◎ DNSSEC の仕組み

DNSSEC 対応
キャッシュ DNS サーバ

DNSSEC 対応
コンテンツ DNS サーバ

①問い合わせ

③応答

| DNS データ | 署名 |

DNSKEY（公開鍵）

受診した
DNS
データ

| DNS データ |　| 署名 |

コンテンツ
DNS サーバ
の公開鍵

公開鍵
で復号

④署名検証

| DNS データ | DNS データ |

比較して同じデータなら本物
の応答である

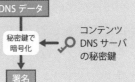

項目	役割
DNSKEY	コンテンツ DNS サーバの公開鍵
RRSIG	リソースレコードに対するデジタル署名

②署名付与

| DNS データ |

秘密鍵で
暗号化

コンテンツ
DNS サーバ
の秘密鍵

| 署名 |

> DNSSEC を利用すれば，
> DNS キャッシュポイズニングを防げます

ワンポイント

DNSSEC の普及率

APNIC の調査結果によると，2022 年現在，DNSSEC の普及率は全世界で約 30%。日本は 2022 年現在，約 15% です。全世界と日本の DNSSEC の普及率は，大きく差が開いています（参考URL：https://stats.labs.apnic.net/dnssec）。

ログ

運用にはシステムの動作を記録したログが
必要不可欠

　システムを安定して運用するために，日頃からログを取得し，定期的に確認する必要があります。

　ログとはシステムの動作を記録したものです。ログは各機器で生成されますが，各機器内部に保存するだけでは不都合なログが消される可能性や，不具合でログが消える可能性があります。ログサーバに集めて，**一元管理をすることでセキュアにログを管理**できます。

　さらにログを取得し，監視している事実を周知することで，内部不正の防止効果も期待できます。

ログ取得時の３つの注意点

　ログは必要十分に取得することが大切です。必要以上のログを取得すると，ログ解析時に時間がかかったり，本当に必要なログを見逃してしまう可能性もあります。

　さらに監視対象の機器は，NTP を利用して**時刻同期をする**ことも大切です。各機器の時刻がずれている場合，時系列に合わせた正しいログ解析ができません。

　また，**プロキシサーバを利用したログには注意**が必要です。たとえば，リバースプロキシサーバが WEB サーバへの通信を代理している環境で，WEB サーバのアクセスログを取得したとします。この場合のログは送信元 IP アドレスはすべてリバースプロキシサーバになります。本来の送信元 IP アドレス（クライアント IP アドレス）はログに残りません。本来のクライアントの IP アドレスを残したい場合は，X-Forwarded-For という HTTP ヘッダフィールドを使って，クライアントの送信元 IP アドレスも記録できるようにします。

◎ ログはログサーバに集約する

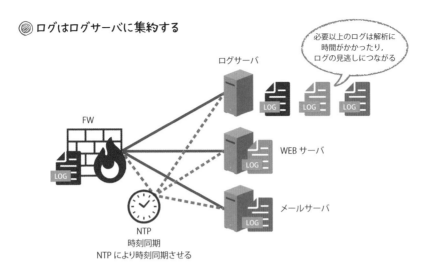

必要以上のログは解析に
時間がかかったり，
ログの見逃しにつながる

ログサーバ

FW

LOG

WEB サーバ

LOG

メールサーバ

LOG

NTP
時刻同期
NTP により時刻同期させる

◎ ログ取得時の注意点

リバースプロキシを利用するときは，クライアントの IP アドレスをログに残すために
X-Forwarded-For を利用する

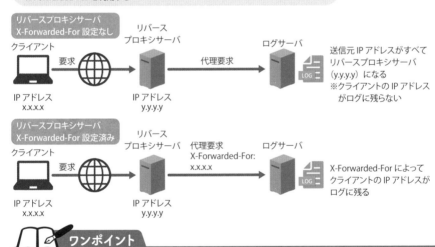

リバースプロキシサーバ
X-Forwarded-For 設定なし

クライアント

要求

IP アドレス
x.x.x.x

リバース
プロキシサーバ

代理要求

IP アドレス
y.y.y.y

ログサーバ

LOG

送信元 IP アドレスがすべて
リバースプロキシサーバ
（y.y.y.y）になる
※クライアントの IP アドレス
がログに残らない

リバースプロキシサーバ
X-Forwarded-For 設定済み

クライアント

要求

IP アドレス
x.x.x.x

リバース
プロキシサーバ

代理要求
X-Forwarded-For:
x.x.x.x

IP アドレス
y.y.y.y

ログサーバ

LOG

X-Forwarded-For によって
クライアントの IP アドレスが
ログに残る

ワンポイント

時刻を同期させる「NTP」

NTP（Network Time Protocol）は現在の時刻を同期させるプロトコルです。NTP サーバは自組織で運用することもできます。また，通信事業者が NTP サーバを公開している場合もあります。NTP クライアントを時刻同期させることで，各機器で発生したログを正しい時系列で管理することができます。

SYSLOG と SNMP

SYSLOG はログを送信し，
SNMP は MIB の情報を送信する

SYSLOG は，ログサーバにログを送信するプロトコルです。ログは各機器で生成されますが，そのまま機器内で管理すると，保存領域を超過したログが消えるなどの問題が起こる可能性があります。そこで，SYSLOG を使ってログサーバにログを送ります。ログサーバでログを集中管理することで解析の効率化や，運用管理の効率化ができます。

MIB を使って情報管理をする「SNMP」

SNMP（Simple Network Management Protocol）は，ネットワーク上の機器を管理するために利用されるプロトコルです。管理する側のマネージャと管理される側のエージェントの 2 つの要素で構成されます。

SNMP でできることは設定確認，設定変更，通知です。設定確認はマネージャがエージェントに Get-Request を伝えて，エージェントは管理している MIB から情報を取得してマネージャに応答します。MIB（Management Information Base）は階層構造で構成された機器情報を管理しているデータベースです。

設定変更はマネージャからの Set-Request に応じて，エージェントが MIB の情報を変更し，その結果を応答します。たとえば，SNMP を使って管理対象のホスト名を変更できます。

通知はエージェントが自発的に Trap（トラップ）を使って，異常発生をマネージャに知らせます。

◎ SYSLOG と SNMP

プロトコル	特徴
SYSLOG	・ログを送るためのプロトコル ・ログサーバでログを一元管理するために利用する
SNMP	・マネージャとエージェントで構成される ・MIB の情報を元に設定確認, 設定変更, 通知を行う

◎ SNMP の役割

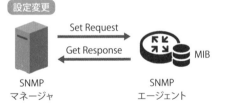

ワンポイント

SNMP のポーリングと Trap の違い

ポーリングは, マネージャが定期的にエージェントに対して情報を要求して取得する機能です。ポーリングを行うことでエージェントを監視します。Trap は, エージェントがマネージャに対して自発的に情報を送信する機能です。Trap により, 監視対象機器の状態をリアルタイムに把握することができます。

DNS はなぜ UDP を使うのか？

　第4章では DNS サーバを取り上げて勉強しました。DNS は基本的に UDP を利用するプロトコルです。

　では，どうして DNS は UDP を利用するのでしょうか？　UDP の通信といえば，即時性が求められる通信で利用されるイメージがあります。しかし，DNS に即時性は求められません。確実にやり取りができる TCP のほうが適切であるように思えます。

　それでも DNS が UDP を利用する理由は，DNS でやり取りするデータのサイズが小さいからです。データサイズが小さいと，データを分割する必要がありません。分割不要なら，TCP によるシーケンス番号や確認応答番号をつける必要がないため，データが小さい DNS は UDP を利用するほうが，効率的かつ高速な通信を実現することができます。

　ただし，DNS は TCP を利用する場合があることも覚えておきましょう。冗長構成のコンテンツ DNS サーバ同士で同期をするために大きなデータをやり取り（ゾーン転送）する場合は，TCP を利用します。

読むのに疲れたら，
息抜きに動画学習もおすすめです

第 5 章

クライアント
セキュリティ

これまでウイルス対策ソフトで守ってきた
クライアントですが，攻撃の多様化，高度化によって
それだけでは十分なセキュリティ対策とは
いえなくなってきました。
現在はどのような技術でクライアントを
守ることができるのか学んでいきましょう。

01 パーソナルファイアウォール

クライアント端末にインストールする
ファイアウォールの一種

パーソナルファイアウォールは，クライアントにインストールして利用するソフトウェア型のファイアウォールです。最近は多くの OS でパーソナルファイアウォールが標準搭載されています。

通常はネットワーク上に物理的なファイアウォールが存在しているため，パーソナルファイアウォールは必要ないように感じます。しかし，基本的にファイアウォールは外部（主にインターネット）からの攻撃に備えて用意されるため，内部ネットワークで発生した攻撃を防御できません。**内部で発生した攻撃は，パーソナルファイアウォールによって防御**します。

たとえば，内部ネットワークにある PC がマルウェアに感染した場合，感染端末のマルウェアからの攻撃を防いだり，自端末がマルウェアに感染してしまった場合に，他端末への通信を遮断して二次被害を防ぐこともできます。

通信を監視して攻撃を防ぐ

パーソナルファイアウォールは，通信を監視してネットワーク経由の攻撃を防ぎます。例として，**プロセス単位で IP アドレス，ポート番号を指定して通信を制御**することができます。

また，**ステートフルインスペクション**の機能を利用して通信の前後関係を含めて監視することで，不正通信を発見し防御することもできます。

パーソナルファイアウォールの問題点

パーソナルファイアウォールの問題点は，**ユーザが機能を無効にしてしまう可能性がある**ことです。さらに，セキュリティソフトを併用すると，お互いが干渉してしまい，正常な監視ができなくなる可能性もあります。

◎ パーソナルファイアウォールの役割

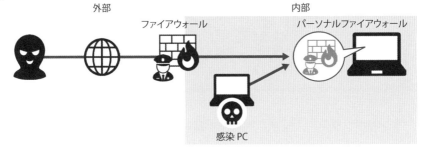

◎ パーソナルファイアウォールでできること

- プロセス単位での通信制御
  →プロセス A が IP アドレス x.x.x.x とポート番号 x で通信するのは許可，それ以外は拒否

- ステートフルインスペクション
  →通信の前後関係を含めて整合性を確認する

◎ パーソナルファイアウォールの問題点

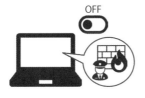

セキュリティ　　　　　パーソナル
ソフト　　　　　　　　ファイアウォール

- ユーザがオフにする可能性がある

- セキュリティソフトなどを併用すると，うまく動作しなくなることがある

📖✏️ ワンポイント

パーソナルファイアウォールだけでは守れない

パーソナルファイアウォールは，クライアントの操作によって無効にされる可能性があります。また，マルウェアによってはパーソナルファイアウォールの機能を無効にして活動する場合もあります。パーソナルファイアウォールだけでクライアント端末のすべてを守りきることはできません。

02 サンドボックスと コードサイニング

クライアントを守るセキュリティ技術を
学びましょう

　サンドボックスは，**安全な領域で不審なプログラムを動作させる**ことがで
きる機能です。サンドボックス内で実行したプログラムは，許可された特定
のリソースしか利用できないため，システムに影響を与えることなくプログ
ラムの挙動を把握できます。

プログラムの改変と作成者を確認する「コードサイニング」

　コードサイニングとは，作成者がプログラムのハッシュ値にデジタル署名
をつけることによって，**利用者がプログラムの改変有無や作成者の確認がで
きる仕組み**です。

　利用者はアプリケーションやドライバをインストールする際に，プログラ
ムのデジタル署名を検証します。インストール前に署名者の情報を画面に表
示することで，作成者のなりすましを防ぎます。利用者が許可した場合，ア
プリケーションやドライバがインストールされます。

BIOS パスワードと HDD/SSD 暗号化

　BIOS パスワードを設定することによって，パスワードを知らない**第三者
はシステムを起動させることができなくなります**。

　しかし，BIOS パスワードだけでは HDD や SSD の記憶装置を保護できま
せん。記憶装置を取り出して別の端末に接続することで，情報が読み取られ
てしまいます。このような事態を防ぐために，HDD/SSD 暗号化を行うこ
とで，**記憶装置内の情報流出を防ぐことができます**。

◎ サンドボックス

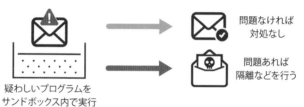

問題なければ
対処なし

問題あれば
隔離などを行う

疑わしいプログラムを
サンドボックス内で実行

◎ コードサイニング

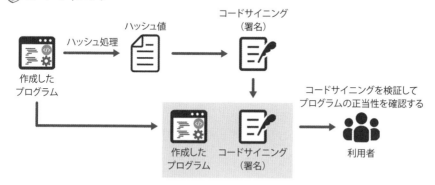

ハッシュ値

コードサイニング
（署名）

ハッシュ処理

作成した
プログラム

コードサイニングを検証して
プログラムの正当性を確認する

作成した
プログラム

コードサイニング
（署名）

利用者

◎ BIOS パスワードと HDD/SSD 暗号化

BIOS パスワード設定と
HDD/SSD 暗号化している端末

別端末

BIOS パスワード
を知らない
第三者

システム
を起動
できない

HDD，SSD
取り出し

HDD/SSD
取りつけ

HDD/SSD の
中身を見ること
ができない

復号パスワードを
知らない第三者

 ワンポイント

サンドボックスを見破るマルウェア

マルウェアによっては，自分がサンドボックス内にいるかどうかを
確認して，サンドボックス内にいると判断した場合に不正な挙動を
行わないものもあります。

TPM

鍵ペアの作成や暗号鍵を安全に保管するための
セキュリティチップ

　TPM（Trusted Platform Module）は，公開鍵暗号方式の鍵ペアの作成，ハッシュ値の計算，デジタル署名の生成・検証などを行うセキュリティチップです。

　TPM 内部に保管される秘密鍵（暗号鍵）は，耐タンパ性によって取り出すことができないため，セキュリティ強度を高められます。

　TPM の仕様には 1.2 と 2.0 が存在します。1.2 よりも 2.0 のほうが暗号化アルゴリズムが増えており，セキュリティ強度は高くなっています。さらに，用途も PC だけでなく，スマートフォンにも対応できるようになりました。

耐タンパ性で外部からの解析を防ぐ

　TPM は耐タンパ性をもっています。耐タンパ性とは，内部のデータや動作などを**外部から解析や改変されることに対する耐性**のことです。

　HDD 暗号化をする場合，暗号化に利用した暗号鍵を暗号化した HDD に保管している状態は，セキュリティ上好ましくありません。そこで TPM を利用することで，セキュリティ強度を高めます。

　TPM で生成した暗号鍵を使って HDD 暗号化を行い，TPM に暗号鍵を保管します。万一，暗号化した HDD が持ち出されても，TPM に保存されている鍵の情報がなければ暗号化した情報を復号できません。

　TPM は高い耐タンパ性をもっているため，TPM 内の情報は外部に取り出すことができず，暗号鍵の漏洩を防げます。

TPM 非搭載の PC

暗号化された HDD

暗号化された HDD

別の PC に HDD を
付け替える

暗号鍵

HDD を暗号化した鍵の情報
を HDD に保管する

HDD 内に保管している
暗号鍵で復号できる

TPM 搭載の PC

暗号化された HDD

暗号化された HDD

TPM

別の PC に HDD を
付け替える

HDD を暗号化
した鍵の情報を
TPM に保管する

暗号鍵

TPM は耐タンパ性があり
情報を取り出すことは難しい

鍵の情報がないので
復号できない

過去問に挑戦

【問題】

PCなどに内蔵されるセキュリティチップ（TPM：Trusted Platform Module）がもつ機能はどれか。
（出典：情報処理安全確保支援士試験 平成29年度春期試験 午前II 問4）

　ア　TPM間での共通鍵の交換　　　イ　鍵ペアの生成
　ウ　デジタル証明書の発行　　　　エ　ネットワーク経由の乱数送信

　　　　　　　　　　　　　　　　　　　　　　　　　正解：イ

　　　　　解説：TPM の主な役割は鍵ペアの生成，ハッシュの計算，乱数生成です。

04 BYOD

従業員所有の端末を業務に利用する

BYOD（Bring Your Own Device）は，**従業員の個人所有の端末を業務に利用する**ことです。

BYODのメリットは，会社にとって設備投資を削減できることと，従業員が使い慣れた機器で業務ができることです。さらに特定の機器に脆弱性が発見された場合，BYODの場合，利用する端末の種類が分散することで，すべての端末が脆弱性によって使えなくなるというリスクを低くすることができます。

デメリットは，個人所有端末の一元管理が難しいこと，脆弱性への一括対応が難しいこと，端末内にプライベートなデータと業務データが混在することが挙げられます。

BYODを導入する際に検討すべきこと

BYODを導入するために，**あらかじめルールの整備や，セキュリティ対策を検討する**必要があります。

たとえば，盗難・紛失対策です。モバイル端末は盗難や紛失のリスクがあります。

盗難対策としては，第三者利用を防ぐためのパスワード設定，盗難端末に対するリモートからのデータ消去方法の整備が挙げられます。紛失対策としては，GPSの通信機能を使った場所の特定，回収方法の整備も必要です。

セキュリティ対策としては，OSやアプリケーションのセキュリティパッチの適用状況の確認，利用アプリケーションの制限などを検討する必要があります。

◎ BYOD のメリット，デメリット

メリット

・会社にとって設備投資を削減できる
・従業員は使い慣れた機器で業務ができる
・特定の脆弱性の影響範囲が小さくなる

デメリット

・会社で一元管理が難しい
・脆弱性の一括対応が難しい
・プライベートと業務のデータが混在する

◎ BYOD を導入するために検討すること

盗難対策
・パスワード設定の徹底
・リモートからのデータ消去方法の整備

紛失対策
・GPS 機能の有効化
・回収方法の整備

セキュリティ対策
・最新のセキュリティパッチ適用状態の確認
・利用アプリケーションの制限

ワンポイント

まだある！　BYOD導入で検討すること

無許可の BYOD が社内システムに接続できないように，端末固有の情報と合わせた多要素認証や，BYOD にデータを保存させない仕組みなども検討する必要があります。

IoT のセキュリティ

IoT（モノのインターネット）特有のセキュリティ
対策が求められている

IoT（Internet of Things）は「モノのインターネット」と訳され、あらゆるモノがインターネットにつながる世界を表しています。

IoT 機器に対するセキュリティの問題

IoT 機器は一般的なクライアント端末のように，機器自体が機密性の高い情報をもつモノではないことが多く，セキュリティ意識が欠如しやすい面があります。

たとえば，温度を測定する IoT 機器の場合，温度の情報は機密情報にあたらず，管理者はセキュリティ対策を行う必要性を感じにくく，適切なセキュリティ対策を怠ってしまいます。攻撃者は，そのような脆弱な IoT 機器を攻撃に利用します。

マルウェア「Mirai」による攻撃

IoT デバイスを狙うマルウェアとして Mirai が有名です。Mirai はランダムに IP アドレスに対して接続を試行し，感染先を探します。

デフォルト設定でログイン可能な IoT 機器や，脆弱なセキュリティ設定の IoT 機器は侵入を許し，Mirai に感染します。**感染機器はボットネットの一部となり，攻撃対象に大量のパケットを送り込む DDoS 攻撃（Distributed Denial of Service attack）に悪用**されます。

Mirai のような IoT 機器をターゲットにした攻撃が発生した背景もあり，IoT 機器に対するセキュリティ意識は高まってきています。

◎ IoT 機器に対するセキュリティの問題

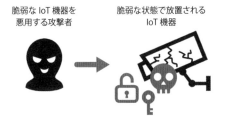

脆弱な IoT 機器を
悪用する攻撃者

脆弱な状態で放置される
IoT 機器

・放置されやすい
　IoT 機器は利用期間が長いため，
　セキュリティ機能が危殆化しやすい

・管理者がセキュリティ対策をしない
　デフォルトの設定のまま利用される
　ことが多い

◎ IoT 機器を狙った「Mirai」

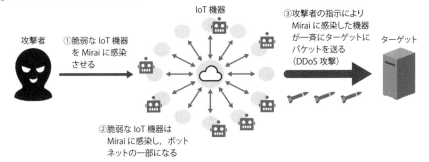

攻撃者

①脆弱な IoT 機器
を Mirai に感染
させる

IoT 機器

②脆弱な IoT 機器は
Mirai に感染し，ボット
ネットの一部になる

③攻撃者の指示により
Mirai に感染した機器
が一斉にターゲットに
パケットを送る
（DDoS 攻撃）

ターゲット

「Mirai」のコードは公開されています。
変更を加えて亜種を作成することが
可能なので，根絶が難しい状況です

ワンポイント

IoT 機器の問題点

IoT 機器は必要最低限の機能しかもたないためリソースが乏しく，
セキュリティ機能の実装が難しい場合があります。また，機密情報
をもたない IoT 機器は，セキュリティ意識が欠如しやすくなります。

脱 PPAP

脱 PPAP を宣言する企業が増えています。PPAP は「Password（P）付きファイルを送ります」「Password（P）を送ります」「暗号化（A）」「Protocol（P）」の略で，暗号化されたファイルをメールで送付した後に，別メールでパスワードを通知する手順のことです。2016 年頃に YouTube で流行ったヒット曲から命名されています。PPAP は日本社会に根付いている手順ですが，海外ではリスクが高い方法だと認識されています。

脱 PPAP が進んでいる背景に，Emotet の被害拡大が挙げられます。Emotet は，メールに不正なファイルを添付して受信者に開かせることで感染を試みます。通常は UTM などで添付ファイルスキャンすることで，不正ファイルを検出する仕組みがありますが，添付ファイルが暗号化されている場合は，スキャンが難しく Emotet の侵入を許してしまう可能性があります。

そこで，添付ファイルを暗号化して送る PPAP によるファイルの共有方法が見直されています。PPAP の代替方法には，オンラインストレージによるファイル共有などが挙げられます。

本家（?）の PPAP は YouTube で3週連続で再生回数「世界1位」を獲得したらしいです。すごすぎる……

第 6 章

メールセキュリティ

近年ではメールを使った攻撃が
大きな脅威となっています。
メールを使った攻撃に対して，どのような
セキュリティ対策があるのか学んでいきましょう。

メールの構成要素

メールの送受信で機能するプログラムを
理解しよう

　メールの送受信は，さまざまなプログラムが機能します。それぞれのプログラムの働きを整理しましょう。

　メール送信時，ユーザは MUA（メールソフト）を使ってメールを作成します。作成したメールは MUA からメールサーバ内の MSA に送られて認証されます。認証 OK の場合，メールは MTA に中継され，別のメールサーバに送り出されます。昔は認証なしで MUA から MTA を使ってメールを送信することもできましたが，現在は MSA によって認証を行う方式が主流です。

　メール受信時，メールサーバの MTA がメールを受信します。MTA は受信したメールを MDA に渡し，MDA がメールボックスにメールを格納します。MRA は MUA からの受信要求に応じてメールボックスからメールを取り出し，MUA にメールを届けます。

POP と IMAP

　メール受信時の MUA と MRA 間の通信は，POP もしくは IMAP が利用されます。POP は，メールボックスからメールをダウンロードするプロトコルです。標準的な仕様ではダウンロードしたメールはメールボックスからなくなるため，メールボックスの容量の節約ができます。しかし，ダウンロードしたメールはメールボックスに存在しなくなるため，別端末からメールを確認することができなくなります。

　IMAP はメールボックスからメールをダウンロードせずにメールサーバ側でメール管理を行うためのプロトコルです。標準的な仕様ではメールはメールサーバに存在するため，どの端末からメールサーバに接続してもメールを確認できます。しかし，メールサーバ側で処理を行うため，サーバ側に負荷がかかる上に，メールを保存するために十分なストレージを用意する必要があります。

◎ メールの仕組み

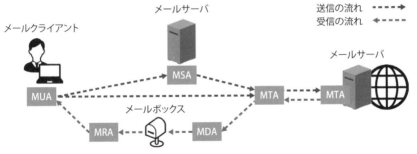

◎ POP と IMAP の違い

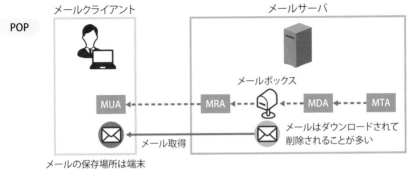

 ワンポイント

SMTP-AUTH の登場

SMTP は認証機能をもっていませんでしたが，現在は SMTP-AUTH という認証の仕組みを組み込んだ SMTP を利用できます。SMTP-AUTH 登場前は，POP before SMTP を利用して SMTP 送信する前に POP を使って認証を行うこともありました。

メールヘッダの構造

メールヘッダを理解することで
メールの仕組みが見えてくる

電子メールはメールヘッダとメールボディで構成され，SMTP によって送信されます。さらにメールには，エンベロープアドレスとヘッダアドレスの２種類のアドレスが存在することも理解しておきましょう。

SMTP（Simple Mail Transfer Protocol）

SMTP は，電子メールを送信するためのプロトコルで，TCP25 を利用します。しかし，現在は OP25B の影響でサブミッションポート TCP587 とSMTP-AUTH を利用して送信する方法が一般的です。

エンベロープアドレスとヘッダアドレス

メールには，エンベロープアドレスとヘッダアドレスが存在します。**エンベロープアドレスは，郵便でいう封筒に記載する情報**です。メールの配送はエンベロープ To の情報が参照されます。メールが届かなかった場合には，エンベロープ From のアドレス宛にエラーメッセージが届きます。

一方，**ヘッダアドレスは郵便でいう便箋に書かれる情報**です。MUA（メールソフト）で表示される情報はヘッダアドレスの情報です。

ユーザが目にする差出人はヘッダ From の情報なので，ヘッダ From の情報が差出人だと思ってしまいます。しかし，ヘッダ From の情報は送信者が自由に設定できる情報のため，正しい情報とは限りません。実際の手紙と同じように，エンベロープアドレスとヘッダアドレスの情報は一致させる必要はありません。攻撃者はヘッダ From の情報を変更することでなりすましを行い，フィッシングメールなどを送ってくることが多いため注意が必要です。

◎ メールの構造

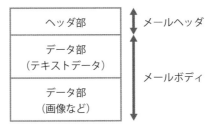

ヘッダ部	← メールヘッダ
データ部（テキストデータ）	← メールボディ
データ部（画像など）	

◎ 代表的なメールヘッダ

ヘッダ部	意味
Return-Path	エラー発生時に送り返すアドレス
Received	経由してきたメールサーバを表す情報 中継するたびに上に情報が追加される 上から順に記載された情報が宛先に近い
From	メール送信者のメールアドレス
To	メール宛先のメールアドレス
Subject	メールの件名

◎ エンベロープアドレスとヘッダアドレスのイメージ

ヘッダアドレスの情報はテキストデータであり配送には影響しない

TO masaru@masaru.com（エンベロープ TO）

FROM masako@asha.com（エンベロープ FROM）

まさるさんへ（ヘッダ TO）

まさこより（ヘッダ FROM）

送信者 masako@asha.com

送信 メールサーバ A

受信 メールサーバ B

受信者 masaru@masaru.com

📖 ワンポイント

ヘッダアドレスを使ったなりすましに注意

SMTPから見ると，ヘッダアドレスはただのテキストデータであり，配送に影響する情報ではありません。MUAはヘッダアドレスを差出人として表示するため，ユーザは送信元を偽装したなりすましメールに気がつきにくくなっています。

OP25B

迷惑メールを送りにくい環境をつくる

　OP25B（Outbound Port 25 Blocking）は**自分のネットワークから外部のネットワークへのポート番号25（SMTP）の通信を遮断する**ことで，迷惑メールを送りにくい環境をつくる迷惑メール対策の一つです。

　迷惑メールを送りたい攻撃者は，さまざまなネットワークに存在するメールサーバを使って一日に大量のメールを送信します。通常ISPなどで用意しているメールサーバは，一日に送れるメール容量を制限しており，攻撃者が送りたい膨大な量のメールを送信することができません。攻撃者は外部ネットワークに公開されているメールサーバを使って大量の迷惑メールを送ろうと試みます。

　しかし，OP25Bを行っているネットワークでは，外部ネットワークへのポート番号25の通信が遮断され，外部ネットワークのメールサーバを利用することができなくなります。その結果，自分のネットワークにあるメールサーバしか利用できなくなり，迷惑メールを送りたい攻撃者にとって大量の迷惑メールを送りにくい環境をつくることができます。

OP25B のデメリットとその対策

　OP25Bを行うことで，迷惑メールを送りにくい環境をつくることができますが，自宅ネットワークから別ネットワークの会社のメールサーバを利用したい場合などは，正規のメールもOP25Bにより遮断されてしまいます。

　そこで，サブミッションポートを利用します。正規の用途で外部メールサーバを利用する場合には，認証機能があるSMTP-AUTHを使って，メールサーバのポート番号587（サブミッションポート）に接続してメールを送信します。**ポート番号587の通信はOP25Bの影響を受けない**ので，外部ネットワークのメールサーバを利用してメールを送信できます。

◉ OP25B の仕組み

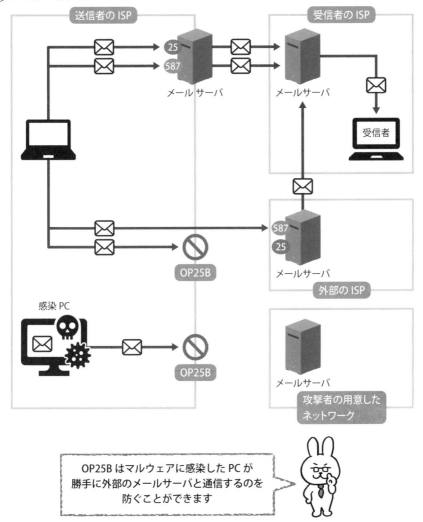

OP25B はマルウェアに感染した PC が
勝手に外部のメールサーバと通信するのを
防ぐことができます

ワンポイント

セキュリティ対策としても役立つ

OP25B はスパムメールを送りにくくするだけではなく，セキュリティ対策としても機能します。たとえば，マルウェアに感染してボット化した PC が勝手に外部のメールサーバと通信をしようとした場合，OP25B によって通信を遮断することができます。

SPF

IPアドレスを利用する送信元ドメイン認証

　送信元ドメイン認証は，メール受信時に送信元ドメインを認証する技術です。SPF（Sender Policy Framework）は送信元ドメイン認証技術の一つで，**メールサーバのIPアドレスを利用して認証**します。

　送信ドメインが利用するメールサーバのIPアドレスは，DNSサーバからSPFレコードとして公開されます。メール受信側は送信元ドメインのDNSサーバからSPFレコードを取得し，メールサーバのIPアドレスとSPFレコードのIPアドレスが一致するかを検証することで認証します。

SPF レコードの書き方

SPFレコードは，DNSサーバにTXTレコードとして記載されます。

　たとえば，v=spf1　+ip4:192.168.10.1　–all という記載の場合，v=spf1はSPFのバージョン1であることを，＋の記号は認証された情報であることを表します（＋は省略可能）。ip4は利用するプロトコルを，192.168.10.1は利用するIPアドレスを表します。その後に –all をつけることで192.168.10.1以外は不正なアドレスであることを表しています。

　また，SPFレコードで指定するIPアドレスは，ネットワークアドレスで指定することもできます。

　v=spf1　+ip4:192.168.0.0/24　–all の場合，192.168.0.0/24に含まれるIPアドレスからのメールはすべて正当なメールであることを表します。逆に，ドメイン内からメールを送らない場合は–allのみを記載して，すべてが不正なメールであるとSPFレコードを記述することもできます。

◎ SPF の仕組み

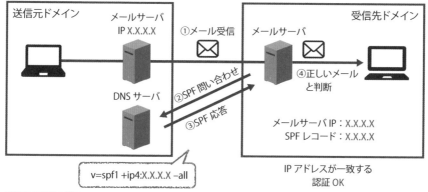

認証 OK の場合

送信元ドメイン　メールサーバ IP X.X.X.X
①メール受信　メールサーバ　受信先ドメイン
④正しいメール と判断
DNS サーバ
②SPF問い合わせ
③SPF応答
メールサーバ IP：X.X.X.X
SPF レコード：X.X.X.X
v=spf1 +ip4:X.X.X.X –all
IP アドレスが一致する 認証 OK

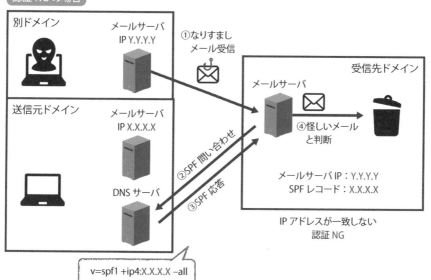

認証 NG の場合

別ドメイン　メールサーバ IP Y.Y.Y.Y
①なりすまし メール受信
メールサーバ　受信先ドメイン
④怪しいメール と判断
送信元ドメイン　メールサーバ IP X.X.X.X
②SPF問い合わせ
③SPF応答
メールサーバ IP：Y.Y.Y.Y
SPF レコード：X.X.X.X
DNS サーバ
v=spf1 +ip4:X.X.X.X –all
IP アドレスが一致しない 認証 NG

ワンポイント

「SPF」と「SMTP-AUTH」

SPF に似た技術に，SMTP-AUTH があります。SMTP-AUTH は，メールの送信時に送信者の認証を行います。SPF は，メール受信時にメール送信元ドメインを認証します。SMTP-AUTH と送信元ドメイン認証を両方行うことで，迷惑メール対策を強化できます。

DKIM

DKIM（DomainKeys Identified Mail）は，SPF と同じく送信元ドメイン認証の技術です。SPF はメールサーバの IP アドレスによって認証していましたが，**DKIM はデジタル署名によって認証を行います**。SPF と比べると，公開鍵をつくるための PKI を整える必要があるため，導入のハードルは高くなります。

また，デジタル署名の検証は，SPF のように単純に IP アドレスを検証するだけではないので，SPF と比べてサーバの負荷が高くなります。

DKIM は SPF よりも信頼度が高い

DKIM は送信側のメールサーバがメールに対してデジタル署名を付与することで送信元ドメインを検証する仕組みです。デジタル署名を使って検証するため，IP アドレスで検証を行う SPF よりも信頼度は高いです。

デジタル署名はメールヘッダに格納されます。デジタル署名を検証するための公開鍵は，DNS に DKIM レコードとして設定して公開します。受信側のメールサーバはデジタル署名が付与されたメールを受信すると，送信側の DNS サーバに問い合わせを行い，DKIM レコードから公開鍵を入手してデジタル署名の検証を行います。

DKIM レコード

DKIM レコードは大きく名称，種類，本文，TTL で構成されています。本文の "p=" の後ろに公開鍵が記載されています。また DKIM レコードの有効期間は TTL によって定義され，通常数分です。右の例では 6000 秒（10 分）になっています。

◎ DKIM の仕組み

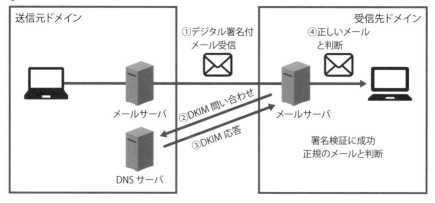

◎ DKIM の TXT レコードの例

名称	種類	本文	TTL
[セレクタ名]._domainkey.[ドメイン名]	TXT	v=DKIM1;p=[公開鍵の情報]	6000

> DKIM はデジタル署名を使うので，公開鍵を配布します

✐ ワンポイント

DKIM はここに注意

DKIM で利用するデジタル署名は，メールヘッダやメール本文の内容を基につくられたデータです。送信中に自動的に情報が付与されてメール本文の内容が変わる場合は，デジタル署名との整合性がなくなってしまい，DKIM の認証に失敗することになるので注意が必要です。

DMARC

送信元ドメイン認証失敗時のメールの取り扱い
を指定する

DMARC（Domain-based Message Authentication, Reporting, and Conformance）は，送信元ドメイン認証の一つです。

SPF と DKIM による**送信元ドメイン認証が失敗したときに，そのメールをどう取り扱うかについて，送信側ドメインがポリシーを DNS サーバから公開**します。受信側は SPF や DKIM による送信元ドメイン認証に失敗した場合，送信側が公開している DMARC の情報を参照します。

DMARC の流れ

送信元ドメイン認証に失敗した場合，受信メールサーバは送信元ドメインの DNS サーバから DMARC レコードを取得して，ポリシーと呼ばれるメールの取り扱いに関する情報を取得します。

DMARC は検証失敗時のメールの取り扱い方法を定義するだけではなく，検証失敗時の集計レポートの送り先を定義していることもあります。送信側ドメインはレポートを受け取ることで，自分のドメインになりすましたメールがどれくらい発生しているのかを把握できます。

DMARC のレコード例

右図に DMARC のレコード例を記載しました。パラメータの v はバージョンを表し，パラメータの p は検証失敗時のメールの取り扱いポリシーを定義しています。ポリシーの値が none の場合は特に何もせず受信メールボックスに格納する，quarantine 場合は検証のために迷惑メールフォルダなどに隔離する，reject はメールの破棄を意味します。最後のパラメータの rua は，DMARC の集計レポートの送り先を定義しています。

◎ DMARC の仕組み

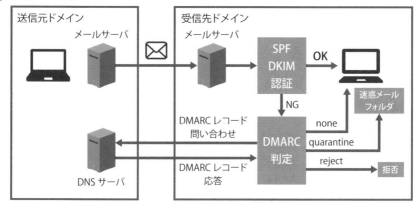

◎ DMARC のレコード例

v=DMARC1; p=quarantine; rua=mailto:report@masaru.co.jp;

タグ	説明
v	バージョン番号
p	メール受信者に要望する認証失敗時の動作
rua	集約レポートの送り先

p パラメータのポリシー

値	説明
none	何もしない
quarantine	認証に失敗した場合，迷惑メールとして扱う
reject	認証に失敗した場合，メールを拒否する

ワンポイント

メールの取り扱いポリシーを公開するのはどっち？

DMARC は送信元ドメインに認証失敗した場合のメールの取り扱いを，送信元ドメインがポリシーとして公開します。メールの取り扱いポリシーを公開するのは受信側ではなく，送信側なので注意しましょう。

00000JAPAN

00000JAPAN（ファイブゼロジャパン）は，災害時に携帯キャリアが無料開放してくれる公衆無線 LAN サービスです。2016 年の熊本地震で 00000JAPAN が最初に提供されました。00000JAPAN は利用するためのパスワードやメールアドレスの登録などは必要なく，携帯キャリアも関係なく接続することができます。

しかし，00000JAPAN を利用するときには注意が必要です。簡単に接続できる反面，00000JAPAN のなりすましが発生する可能性があります。そのため，00000JAPAN を利用する際は，緊急時の安否確認や情報収集にとどめておくことが推奨されます。どうしても個人情報を入力したい場合は，HTTPS や VPN のセキュリティ対策を行って利用するようにしましょう。

ちなみに 00000JAPAN で 5 個の 0 を先頭につけている理由は，接続時に SSID のリストの先頭に表示されるようにする工夫です。SSID の先頭に表示されることで，接続しやすい状況をつくり出しています。

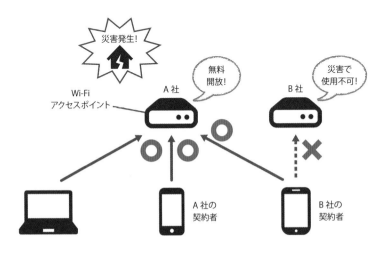

第 **7** 章

HTTP
セキュリティ

試験においては，HTTP の基本的知識がなくては
解けない問題が頻出します。
HTTP の基本や構造を学んでいきましょう。

HTTP の基礎

WEB サーバと WEB ブラウザの間で情報をやり取りするためのプロトコル

HTTP（Hypertext Transfer Protocol）は，WEB サーバと WEB ブラウザの間で，HTML（ウェブページを記述するための言語）の情報をやり取りするためのプロトコルです。

2022 年には最新規格 HTTP/3 が標準化されました。**HTTP/3 の最大の特徴は，トランスポート層に UDP を利用**して通信の効率化を行っている点です（HTTP/3 より前の HTTP はトランスポート層に TCP を利用しています）。

HTTP の通信の流れ

HTTP は**クライアントからのリクエストに対して，サーバがレスポンスを返答**します。

たとえば，クライアントは GET というメソッドを使ってリクエストを送り，要求したいファイルを指定します。それに対してサーバは 200 というステータスコードを含むレスポンスで要求されたファイルを応答します。

「メソッド」と「ステータスコード」

代表的な**メソッドとステータスコードを理解**しておきましょう。

GET メソッドは，クライアントが URL の一部にデータを入れてリクエストを送ります。POST メソッドは，送りたいデータをボディ部に入れてリクエストを送ります。CONNECT メソッドは，トンネリングを要求するメソッドで，プロキシサーバを利用して TLS/SSL 通信を行う際に利用します。

ステータスコードは 200 番台が成功，300 番台がリダイレクト，400 番台がクライアントエラー，500 番台がサーバエラーを表しています。

◎ HTTP の基本的な流れ

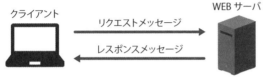

クライアント　　　　　　　　　　　　　　　WEBサーバ

リクエストメッセージ →

← レスポンスメッセージ

◎ HTTP リクエストの主なメソッド

メソッド	特徴
GET	URL の一部にデータを入れてリクエストを送る
POST	送りたいデータをボディ部に入れてリクエストを送る
CONNECT	プロキシサーバにトンネリングを要求する

◎ HTTP レスポンスの主なステータスコード

ステータスコード	意味
200 OK	リクエストの成功
300 Multiple Choices	リクエストが複数存在する
301 Moved Permanently	ウェブサイトが恒久的に移転している
401 Unauthorized	ユーザ認証が必要
404 Not Found	指定されたファイルが見つからない
500 Internal Server Error	サーバの内部エラー

ステータスコードは 200 番台が成功，300 番台が
リダイレクト，400 番台がクライアントエラー，
500 番台がサーバエラーを表しています

📖✐ ワンポイント

HTTP/3 は信頼性が低下する？

最新規格である HTTP/3 は，トランスポート層に UDP を利用し
ます。UDP を利用することで信頼性の低下が懸念されますが，
QUIC というプロトコルを使うことで TCP と同等以上の信頼性を
確保できます。

HTTP の構造

HTTP でやりとりされるパケットの中身を理解しよう

　HTTP の**要求はリクエストライン，HTTP ヘッダ，HTTP ボディで構成され，応答はステータスライン，HTTP ヘッダ，HTTP ボディで構成されています。**要求のリクエストラインにはリクエストメソッドの情報が格納され，応答のステータスラインにはステータスコードの情報が格納されます。

　HTTP ヘッダと HTTP ボディは，空行を 1 行入れることで分かれています。

HTTP ヘッダの情報

　HTTP ヘッダに格納される情報は，項目ごとにさまざまです。リクエスト時に利用される主なヘッダとして，Authorization は認証情報，User-Agent はユーザのブラウザに関する情報，Referer はどこから遷移してきたかを表す情報です。Cookie は，クライアントの Cookie 情報を表します。

　レスポンス時に利用される主なヘッダとして，Set-Cookie はサーバからクライアントに送る Cookie の情報，Location はリダイレクト先の URL の情報，Server はサーバのソフトの種類やバージョンの情報を表します。

HTTP ボディの情報

　HTTP ヘッダの後，1 行空欄を挟んで，HTTP ボディが存在します。**GET メソッドの場合は，ボディに情報は入っていません。POST メソッドは，HTTP ボディに送りたいデータを格納してサーバに送ります。**HTTP 応答の HTTP ボディには，HTML の情報，画像，動画などの情報が格納されます。

◎ HTTP メッセージの構造

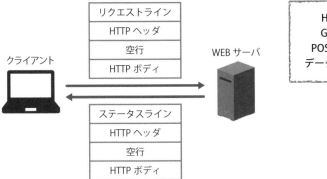

HTTP ボディは
GET 時は空欄，
POST 時に送りたい
データが格納されます

クライアント

WEB サーバ

| リクエストライン |
| HTTP ヘッダ |
| 空行 |
| HTTP ボディ |

| ステータスライン |
| HTTP ヘッダ |
| 空行 |
| HTTP ボディ |

◎ リクエストで利用される主な HTTP ヘッダ

ヘッダ	意味
Authorization	認証情報
User-Agent	ユーザのブラウザに関する情報
Referer	どこから遷移してきたかを表す情報
Cookie	Cookie 情報

◎ レスポンスで利用される主な HTTP ヘッダ

ヘッダ	意味
Set-Cookie	サーバからクライアントへクッキーを送信
Location	リダイレクト先の URL
Server	レスポンスを生成したサーバで使用されたソフトウェア

ワンポイント

Referer は「Referrer」の間違い？

HTTP ヘッダに Referer があります。英単語としては Referrer
が正しい表記で，Referer はミススペルです。HTTP を策定した際
に，ミススペルで登録してしまったため，現在も Referer という
ミススペルが利用されています。

Cookie

HTTP は Cookie を使ってセッション管理を行う

　HTTP の通信は，要求に対して応答を返答するステートレスな通信です。連続性のある操作を WEB サーバは管理できません。そこで WEB サーバは，Cookie という情報をクライアントに渡すことで，クライアントを識別して連続性のある動作を管理します。**Cookie はサーバがクライアントを識別するための情報として生成され，クライアントに渡されます。Cookie の情報はクライアントの WEB ブラウザに保管されます。**

Cookie はセッション管理の情報

　クライアントが WEB サーバに接続すると，WEB サーバは HTTP レスポンスのヘッダに Set-Cookie を利用して Cookie をクライアントに渡します。Set-Cookie で指定した値がセッションを識別するためのセッション ID になります。WEB ブラウザは次回アクセスするときに，そのセッション ID を使って接続します。**指定されたセッション ID を利用することによって，WEB サーバは連続性のある動作を管理できる**ようになります。

Cookie の属性で取り扱いを定義する

　Cookie は，クライアントとサーバのセッションを管理する機密性の高い情報です。そのため，**Cookie の取り扱いには十分な注意が必要です。**

　属性をつけることで Cookie の取り扱いを定義できます。Expires 属性は Cookie の有効期限を設定します。Secure 属性は https で通信しているときにだけ Cookie の情報を送るようにします。HttpOnly 属性は WEB ブラウザに保管した Cookie へのアクセスを http だけに限定します。

　JavaScript を使った Cookie へのアクセスを禁止することで，クロスサイトスクリプティング攻撃への対策になります。

◎ Cookie を利用するまでの流れ

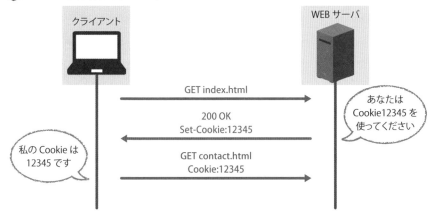

◎ Cookie に利用される属性

属性	取り扱いの定義
Expires	Cookie の有効期限を指定
Secure	https で通信しているときにだけ Cookie の情報を送る
HttpOnly	Cookie にアクセスするのは HTTP のみ ※JavaScript を使ったアクセスを禁止することで クロスサイトスクリプティングへの対策になる

攻撃者はクロスサイトスクリプティングによって、ターゲットの WEB ブラウザで任意の JavaScript を実行し、Cookie の情報を盗みます。
HttpOnly 属性によって、Cookie の参照を http だけ（JavaScript は禁止）にすることでクロスサイトスクリプティング対策になります

ワンポイント

Cookie の Expires 属性を設定しない場合

Expires 属性を設定していない Cookie はセッション Cookie と呼ばれ、ブラウザが終了したときに Cookie が破棄されるため、ブラウザに保存されません。

04
TLS

WEB サーバと WEB ブラウザ間で
安全な通信を実現する

TLS（Transport Layer Security）の機能は主に 4 つです。①暗号
化機能：パケットを暗号化することで盗聴対策を行います。②サーバ認証：
接続先のサーバが正規のサーバであるか認証します。③クライアント認証：
サーバに接続してきたクライアントが正規のクライアントであることを認証
します。④改ざん検出機能：パケットの改ざん有無を確認します。

TLS ハンドシェイクの流れ

現在，最もよく利用される TLS1.2 の通信の流れを確認しましょう。

最初に TCP のスリーウェイハンドシェイクが行われ，その後，TLS ハ
ンドシェイクが始まります。クライアントは WEB サーバに対して Client
Hello を送ります。このメッセージには，クライアントが利用できる暗号方
式の一覧（暗号スイート）が含まれます。Server Hello はクライアントの
暗号スイートの中から，サーバも利用できる最もセキュリティ強度が高いも
のを選んで応答します。サーバは Server Certificate でサーバ証明書をクラ
イアントに提示し，Server Key Exchange で暗号化通信に必要な情報を送
ります。クライアント認証が必要な場合は Certificate Request によってク
ライアント証明書の要求を行い，Server Hello Done を送り，通信を終えます。

クライアントは Client Certificate によりクライアント証明書を送り，
Client Key Exchange で暗号化通信をするための情報を送ります。そして
Certificate Verify によってデジタル署名を送ります。Change Cipher Spec
によって，暗号化通信に切り替えることを通知し，Finished でクライアン
トからの TLS ハンドシェイク終了を伝えます。

サーバ側も Change Cipher Spec によって暗号化通信に切り替えること
を通知し，Finished でサーバからの TLS ハンドシェイク終了を通知します。

TLS 通信の概要

クライアント　WEB ブラウザ（HTTP / TLS　復号　暗号化）　クライアントからの暗号化された通信　WEB サーバ（HTTP / TLS　復号　暗号化）　WEB サーバ

サーバからの暗号化された通信

TLS ハンドシェイク (TLS1.2)
サーバ認証, クライアント認証がある場合

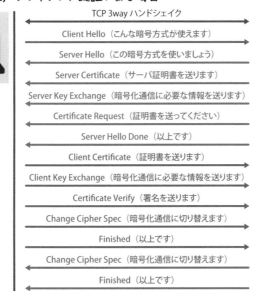

クライアント　　WEB サーバ

TCP 3way ハンドシェイク
Client Hello（こんな暗号方式が使えます）
Server Hello（この暗号方式を使いましょう）
Server Certificate（サーバ証明書を送ります）
Server Key Exchange（暗号化通信に必要な情報を送ります）
Certificate Request（証明書を送ってください）
Server Hello Done（以上です）
Client Certificate（証明書を送ります）
Client Key Exchange（暗号化通信に必要な情報を送ります）
Certificate Verify（署名を送ります）
Change Cipher Spec（暗号化通信に切り替えます）
Finished（以上です）
Change Cipher Spec（暗号化通信に切り替えます）
Finished（以上です）

ワンポイント

「SSL/TLS」と表記されるのはなぜ？

以前は SSL という技術を使って WEB ブラウザと WEB サーバの通信を暗号化していましたが, 現在は TLS という技術に移行しています。しかし, 昔の名残があり, SSL/TLS と表記されることもあります。現在 SSL は十分なセキュリティ強度が保証できないため, 非推奨の技術になっています。

05 常時 SSL/TLS と TLS アクセラレータ

ブラウザとサーバ間の通信を暗号化する「TLS」を取り巻く状況について理解しておこう

WEB ブラウザと WEB サーバ間の通信を暗号化する **TLS はデフォクトスタンダードで，日常的に利用される**ようになりました。TLS を利用しない従来の HTTP の通信は，平文の通信がそのままインターネット上に流れることになり，ID やパスワードなど機密性の高い情報が盗聴される危険性があります。

また，盗聴の危険性以外にも「誰々がどこのサイトを見ている」という情報が平文で流れるため，プライバシーの観点からも HTTP を使った通信は問題があります。

常時 SSL/TLS 化

従来の HTTP を使った通信は，WEB ブラウザで危険な通信であると判断され，警告メッセージが表示されるため，WEB サーバの管理者は常時 SSL/TLS 化により，利用者が安心して利用できるようにする必要があります。

常時 SSL/TLS を行うためには，WEB サーバにサーバ証明書を導入して URL を「https://」で始まる文字列に変更します。

サーバの負荷を軽減する「TLS アクセラレータ」

TLS の利用によって安全性を高めることができますが，利用をするためにはクライアントとサーバ間でさまざまな制御情報のやり取りを行う必要があります。その結果,多数のクライアントと通信するサーバは負荷が高くなってしまいます。

そこで，TLS アクセラレータを利用します。**TLS アクセラレータに暗号化，復号処理をさせることで WEB サーバの負荷を軽減**できます。

◎ HTTP通信はブラウザによって**警告が表示される**

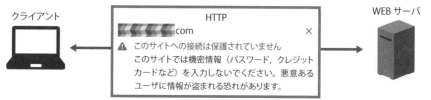

◎ TLSアクセラレータがない場合

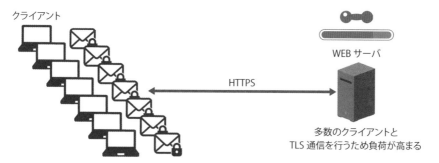

◎ TLSアクセラレータがある場合

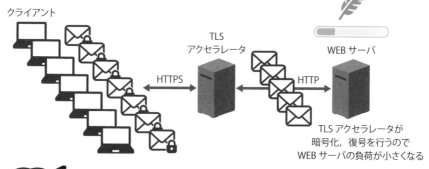

ワンポイント

必読の IPA の資料

IPA は「安全なウェブサイトの作り方」という資料を公開しています。この資料は IPA が届出を受けた脆弱性関連情報を基に，影響度が大きい脆弱性を取り上げ，セキュリティを考慮したウェブサイトを作成するための資料です。情報処理安全確保支援士試験を受ける方は，必ずこの資料を確認しておきましょう（ https://www.ipa.go.jp/files/000017316.pdf ）。

HSTS

WEB サイトへの接続を HTTPS に強制させる
仕組み

　HTTP を利用した接続は平文で通信するため，盗聴に弱く，利用は推奨されません。そのため，現在ほとんどの WEB サーバが HTTPS 通信に対応しています。しかし，WEB サーバが HTTPS 対応であっても，クライアントが HTTP を指定すれば HTTP の通信が発生します。そこで，HTTP の通信を HTTPS に強制させる仕組みとして **HSTS（HTTP Strict Transport Security）** という技術があります。

　HSTS が設定されている WEB サイトに HTTP で接続しようとすると，HTTPS で接続するように WEB ブラウザへ通知します。通知を受けた **WEB ブラウザは，それ以降 HTTP で接続しようとしても，自動的に HTTP の通信を HTTPS に切り替えます。**

HSTS の流れ

　HSTS を設定した WEB サイトにクライアントが HTTP での接続要求を送ると，**WEB サイトはレスポンスヘッダに Strict-Transport-Security の情報を含めて応答**します。この情報には HSTS の有効期限や，適用範囲の情報などが含まれます。

　応答を受け取った WEB ブラウザは，有効期限の間，対象の WEB サイトに対して HTTPS を利用した通信に強制されます。

HSTS は初回の HTTP 通信を制御できない

　HSTS は，初回の HTTP の通信を制御できません。HSTS で HTTPS に通信を強制できるのは，2 回目以降の通信です。また，HSTS の有効期限が切れた後の初回の通信も，クライアントが HTTP を指定した場合は同じ理由で HTTP の通信が発生することになります。

◉ HSTS の流れ

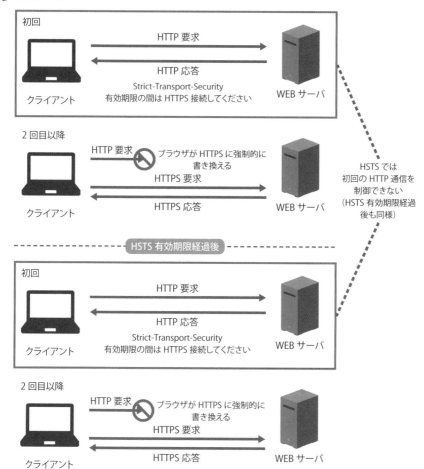

ワンポイント

プリロード HSTS

クライアントが HTTP を指定した場合でも，初回から HTTPS に強制するプリロード HSTS という仕組みもあります。プリロードHSTS に登録しておくことで，WEB ブラウザは事前に HTTPS で接続すべきサイトを確認します。プリロード HSTS に登録が確認できれば，初回の HTTP の通信も HTTPS に強制されます。

コラム QUIC（Quick UDP Internet Connections）

　これまでは，HTTP といえば「トランスポート層に TCP を利用して通信するプロトコル」でしたが，QUIC の登場によって HTTP は「トランスポート層に UDP を利用するプロトコル」に変化してきています。QUIC とは，米 Google が開発した独自プロトコルがベースになっているプロトコルです。

　TCP により実現していた接続性や信頼性については，QUIC というアプリケーションの中で管理されることになるため，QUIC は TCP と同等の信頼性をもちながら，高速な通信ができるとされています。

　主要な WEB ブラウザはすでに QUIC 対応済みであり，今後 QUIC が普及することが予想されています。

● TCP と UDP の位置づけ

	HTTP/2	HTTP/3
プロトコル	TCP	UDP（QUIC）
セキュリティ	オプション	必須（TLS1.3）

技術はどんどん
進化していきますね

第 8 章

不正アクセスと攻撃手法

攻撃手法は多種多様です。
しかし，試験において出題される攻撃手法は
そこまで多くありません。
出題されやすい攻撃手法および攻撃への
対策を学んでいきましょう。

01 標的型攻撃

標的型攻撃を防ぐことは難しい

　標的型攻撃は，特定の個人や組織を狙って機密情報を盗み取ることを目的にした攻撃です。従来は大手企業が中心に狙われてきましたが，最近では中小企業に対する攻撃も報告されています。

　IPA が公開している情報セキュリティ 10 大脅威の組織部門においては，毎回標的型攻撃が上位にランクインしています。

標的型攻撃は「情報収集」から始まる

　標的型攻撃は，攻撃対象の情報収集から行います。メールを利用した情報収集，電話を使った会話からの情報収集などさまざまな手法があります。事前の情報収集には時間がかかりますが，標的型攻撃の成功率を上げるためには重要な作業です。

　攻撃者は，収集した情報を利用して攻撃を仕掛けます。代表的な攻撃手法として標的型攻撃メールがあります。添付ファイルを付けたり，本文中のURL をクリックさせようとするのは，従来の迷惑メールと変わりませんが，**事前に収集した情報を使ってターゲット用にカスタマイズしてメールを送ることで攻撃の成功率を高めます**。たとえば，ターゲットが普段利用する形式を真似したメールを作成して送付することで，ターゲットがメールを信じて開封する可能性が高まります。

標的型攻撃には「出口対策」が大切

　標的型攻撃を防ぐ汎用的な対策はありません。そのため，**攻撃される前提で出口対策をする**ことが大切です。出口対策の例として，機密情報が外部に流出しないように，内部から外部への通信を監視したり，データを暗号化することが大切です。

◉ ばらまき型の攻撃

攻撃者

攻撃メール送付

不特定多数の
ターゲットに攻撃メールを送る

◉ 標的型攻撃

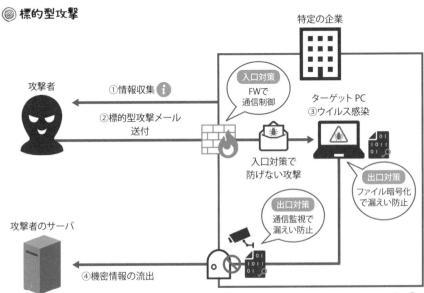

特定の企業

攻撃者

①情報収集 ⓘ

②標的型攻撃メール
送付

入口対策
FWで
通信制御

ターゲットPC
③ウイルス感染

入口対策で
防げない攻撃

出口対策
ファイル暗号化
で漏えい防止

出口対策
通信監視で
漏えい防止

攻撃者のサーバ

④機密情報の流出

標的型攻撃を防ぐのは難しいので
出口対策を行うことが大切です

ワンポイント

高度で執拗な「APT攻撃」

APT（Advanced Persistent Threat）攻撃は，特定の標的に対して高度かつ執拗に行われる攻撃です。国家などの支援を受けて，特定の個人や団体を執拗に攻撃し続けます。どんなにセキュリティ対策をしても脆弱性をなくすことはできないため，APT攻撃を防ぐことは非常に困難です。

マルウェアと攻撃ツール

代表的なマルウェアと攻撃ツールを
把握しよう

　悪意のあるソフトウェアやコードを総称して，**マルウェア**といいます。マルウェアの種類と，攻撃者が利用する**攻撃ツール**について学びましょう。

代表的なマルウェア

　コンピュータウイルスとは，意図的に何らかの被害を及ぼすようにつくられたプログラムのことです。実行ファイルやデータファイルに寄生します。

　ワームは宿主を必要とせず，単独で存在するプログラムです。自らを増殖し，感染を広げます。感染PCが同一ネットワークに存在すると，別PCがワームに感染する場合があります。**トロイの木馬**は，正常なプログラムを装って存在するプログラムです。特定のタイミングや外部からの指示で攻撃を仕掛けます。**ボット**は，攻撃者が不正にコンピュータを操作するためのプログラムです。**ランサムウェア**は，感染したPCの外部記録装置を暗号化したり，コンピュータ自体をロックしたりすることでユーザが利用できない状態にして，暗号化解除，**ロック解除するための金銭を要求する**プログラムです。

攻撃ツールの3つの種類

　バックドアは攻撃者がターゲットに不正侵入するためのプログラムです。

　ルートキットは，さまざまなツールをまとめたものです。ログの改ざんなど不正アクセスの証拠を削除するために利用されることが多いです。

　キーロガーは，PCで入力したキーボードの内容を記録するソフトウェアやハードウェアで，利用者の入力情報を取得して機密情報を盗み出します。

◎ マルウェアの種類

コンピュータウイルス

実行ファイルやデータファイルに寄生する

ボット

攻撃者からの指示に従って行動する

ワーム

単独で存在し，自らを増殖する

ランサムウェア

コンピュータのリソースを使えない状態にして身代金を要求する

トロイの木馬

ひっそりと実行の機会を待ち特定のタイミングで攻撃を仕掛ける

◎ 攻撃ツールの種類

バックドア

攻撃者が自由にアクセスするためのプログラム

ルートキット

ログの改ざん，不正アクセスの証拠を削除する

キーロガー

キーボードの入力内容を記録する

ワンポイント

最近の脅威の傾向を知ろう

IPA は 2022 年に発生した社会的に影響が大きかったと考えられる情報セキュリティにおける事案から，「情報セキュリティ 10 大脅威 2023」を公開しています。個人第 1 位はフィッシングによる個人情報などの詐取，組織第 1 位はランサムウェアによる被害になっています。

03 ウイルス対策ソフトの機能と検出方法

代表的なウイルス対策ソフトの機能と検出方法について押さえておこう

　マルウェア対策としては，ウイルス対策ソフトの導入が重要です。代表的なウイルス対策ソフトの機能とウイルス検出方法について学びましょう。

ウイルス対策ソフトの3つの機能

　ウイルス対策ソフトの代表的な機能には，対象のファイルがウイルスでないかを検査する**ウイルススキャン機能**，ウイルスに感染したファイルをコンピュータに影響しない範囲に移動させる**隔離機能**，ウイルスに感染したファイルからウイルスを除去する**駆除機能**があります。

ウイルスを検出する2つの方法

　パターンマッチング方式は，定義ファイルと呼ばれる**既知のマルウェアの特徴を記録したファイルと比較することでマルウェアを検出**する方法です。既知のマルウェアは，ほぼ確実に検出できるため，一般的によく利用される検出方式です。しかし，定義ファイルに記載されていないパターンのウイルスは検出できないことが多く，定期的に提供ベンダーからウイルス定義ファイルをダウンロードして情報を最新化する必要があります。

　ヒューリスティックスキャン方式は，マルウェアによる異常な動作を検出する方式です。**普段と異なる異常な動作を検出**するため，未知のマルウェアであっても検出できる可能性があります。

　ヒューリスティックスキャン方式には，静的方法と動的方法があります。静的方法では，対象ファイルを動かさずにマルウェアと疑われるコードが存在するかを確認します。動的方法は，コンピュータに影響のない範囲で動作させてマルウェアかどうかを判断します。動的ヒューリスティックスキャンは，**ビヘイビア法**と呼ばれることもあります。

◎ ウイルス対策ソフトの機能

ウイルススキャン機能　　　ウイルス隔離機能　　　　ウイルス駆除機能

◎ ウイルス検出方法（パターンマッチング方式）

定義ファイル　　　　　定義ファイルのパターンと
　　　　　　　　　　　一致すると検知する

◎ ウイルス検出方法（ヒューリスティックスキャン方式）

静的ヒューリスティックスキャン　　　　動的ヒューリスティックスキャン

対象ファイルを動か
さずにスキャン
怪しいプログラムが
あれば検知する

コンピュータに影響のない範囲で
動作させて，マルウェアかどうかを判断

ワンポイント

圧縮データはウイルスを検出できない場合がある

ファイルを圧縮すると，元のファイルの内容と異なるデータになる
ので，マルウェアを検出できない場合があります。そのためファイ
ル解凍後に，マルウェアに感染する可能性があります。マルウェア
対策ソフトが検出対象としてサポートしている圧縮方式や，スキャ
ンできる最大深度（階層の深さ）なども考慮しましょう。

04 検疫ネットワーク

社内 LAN と隔離したネットワークで
安全性を調査する

　検疫ネットワークは，端末を社内 LAN に接続する際にセキュリティ上問題ないかを確認するためのネットワークです。**検疫ネットワークでは検査，隔離，治療を行います。**

　検査は，社内のセキュリティポリシーを満たしているかを検査する機能です。ウイルスチェックやセキュリティパッチの適用状態などを検査します。

　検査に合格すれば社内 LAN に接続できますが，合格できなかった場合は社内 LAN と通信できないネットワークに隔離され，治療を行います。治療は，感染していたマルウェアの駆除や，セキュリティパッチを適用することによってセキュリティポリシーを満たしている状態にします。治療後に再検査を行い，合格すれば社内 LAN に接続できるようになります。

DHCP 方式

　社内 LAN 接続時に**検疫ネットワーク用の IP アドレスを DHCP サーバから払い出す**ことで検疫ネットワークに接続させます。検査で合格すれば社内 LAN 用の IP アドレスが DHCP サーバから払い出され，社内 LAN に接続できます。

認証スイッチ方式

　認証スイッチのポートに検疫ネットワーク用の VLAN を割り当てることで，検疫ネットワークに接続させます。検査に合格すると社内 LAN に接続できる VLAN に変更され，社内 LAN に接続できます。

◎ 検疫ネットワーク

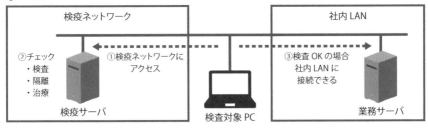

◎ DHCP 方式

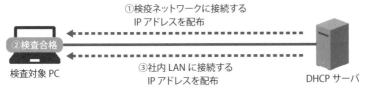

◎ 認証スイッチ方式

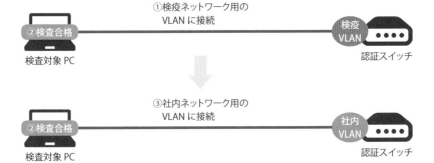

ワンポイント

DHCP 方式は手動設定した IP アドレスに注意

DHCP 方式では，クライアント PC が手動で社内 LAN の IP アドレスを設定した場合，検疫ネットワークに接続されず，社内 LAN に接続できます。手動で IP アドレスを設定した場合は，社内 LAN に接続できないように，DHCP の通信を監視する DHCP スヌーピングなどを使って対策する必要があります。

DoS 攻撃

ターゲットに対して高負荷をかけてサービスを
妨害する攻撃

DoS 攻撃（Denial of Service attack ／サービス拒否攻撃）は，サーバに**過剰な負荷をかけることで，サービス提供を妨害**する攻撃です。過剰な負荷をかけようとする**悪意をもったアクセスと通常のアクセスは区別しづらく，対応は困難**です。

攻撃者はさまざまな DoS 攻撃を利用してサーバに負荷をかけようとします。

複数の端末から同時に要求する「DDoS 攻撃」

DDoS 攻撃は，分散型の DoS 攻撃です。踏み台としてボットネットなどを利用して**複数の端末からターゲットに対して要求を送ることで，サービスを妨害**します。

DoS 攻撃のような 1 台の端末からの攻撃と違い，DDoS 攻撃は対応や予測が難しいという特徴があります。

ターゲットの IP アドレスになりすます「DRDoS 攻撃」

DRDoS 攻撃は DDoS 攻撃の応用で，**ターゲットの IP アドレスになりすまし，要求より応答の通信が大きくなるプロトコル（DNS や NTP）を利用して攻撃**を行います。DDoS 攻撃と違い，踏み台となるコンピュータを用意しなくても攻撃できます。

金銭的負担を狙った「EDoS 攻撃」

EDoS 攻撃はターゲットが従量課金制のリソースを利用している場合に，不必要な要求を過剰に行うことで金銭的な負担をかけ，サービスを妨害する攻撃です。

◎ DoS 攻撃

攻撃者　　　　　　　大量の要求　　　　　ターゲット
サービス停止

◎ DDoS 攻撃

攻撃者　　　指示　　ボットネット　　大量の要求　　ターゲット
サービス停止

◎ DRDoS 攻撃

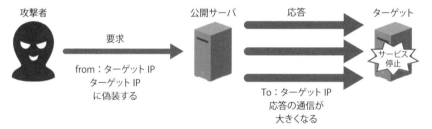

攻撃者　　　要求　　公開サーバ　　応答　　ターゲット

from：ターゲットIP
ターゲットIP
に偽装する

To：ターゲットIP
応答の通信が
大きくなる

サービス停止

◎ EDoS 攻撃

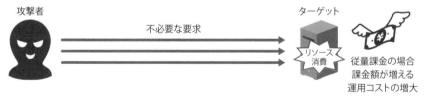

攻撃者　　不必要な要求　　ターゲット

リソース消費

従量課金の場合
課金額が増える
運用コストの増大

Smurf 攻撃

ブロードキャスト通信を悪用して大量の通信を
送りつける攻撃

Smurf 攻撃は，ICMP echo request（Ping）の仕組みを悪用して，
相手のコンピュータやネットワークに大量のパケットを送りつける DoS 攻
撃の一種です。

攻撃対象のリソースを消費させる

攻撃者は，送信元 IP アドレスをターゲットの IP アドレスに偽装します。
**宛先 IP アドレスはブロードキャストアドレスを指定して，ICMP echo
request（Ping）を実行**します。ブロードキャストドメインに含まれる大
量の機器は，ターゲットに Ping 応答を返します。ターゲットは身に覚えの
ないエコー応答が大量に届くことになり，リソースを消費させられます。

Smurf 攻撃への対策

Smurf 攻撃の対策は，各機器でブロードキャストアドレス宛ての ICMP
echo request を破棄することです。最近のクライアント端末はデフォルト
の設定として，ICMP エコー要求を破棄する設定になっていることが多いで
す。

ルータやファイアウォールで ICMP 通信を通さないようにフィルタする
という対策もあります。ただ，通信状況を調べたりする正規の用途として
ICMP を利用できなくなるため，セキュリティポリシーに応じて ICMP を
フィルタするか判断する必要があります。

◎ Smurf 攻撃

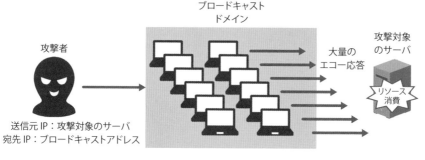

ブロードキャスト
ドメイン

攻撃者

送信元IP：攻撃対象のサーバ
宛先IP：ブロードキャストアドレス

大量の
エコー応答

攻撃対象
のサーバ

リソース
消費

◎ Smurf 攻撃の対策

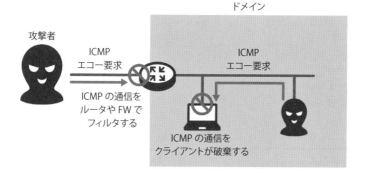

ブロードキャスト
ドメイン

攻撃者

ICMP
エコー要求

ICMP の通信を
ルータや FW で
フィルタする

ICMP
エコー要求

ICMP の通信を
クライアントが破棄する

ルータやファイアウォールで
ICMP 通信をフィルタすると，
正規の用途での ICMP も
利用できなくなります

📖✍ ワンポイント

Smurf ってどういう意味？

Smurf 攻撃の「Smurf」は，漫画に登場する妖精のキャラクターの名前に由来します。漫画のストーリーでは，Smurf という小さなキャラクターが集まって強大な敵を倒します。このストーリーのように，小さい通信でも集まることで大量の通信となり，攻撃対象に大きな負荷をかけられることを意味しています。

07 中間者攻撃

ユーザとサーバの間に入り込んで盗聴や改ざん
をする攻撃

　中間者攻撃（Man-in-the-Middle attack: MITM攻撃）は，**攻撃者がユー
ザとサーバの間に入り込んで盗聴や改ざんを行う攻撃**です。攻撃者は中間に
入り込み静かにデータを中継するので，ユーザが中間者攻撃に気がつくのは
困難です。

MITB 攻撃（Man-in-the-Browser）

　中間者攻撃に似た攻撃として，MITB 攻撃があります。MITB 攻撃は，
WEB ブラウザを乗っとることで通信内容を盗聴，改ざんする攻撃です。一
般にマルウェアによって感染します。典型的な被害事例は，オンラインバ
ンキング利用時に通信を乗っ取るケースです。銀行側のサーバからすると，
ID やパスワード，IP アドレスは正規のクライアントからのものなので，不
正な通信であると判断するのが困難です。

「中間者攻撃」「MITB 攻撃」への対策

　中間者攻撃の対策は，**デジタル証明書の利用，検証を行い，接続先が正規
の接続先であることを確認する**ことです。そのため，接続先を検証するため
のルート証明書の取り扱いには注意が必要です。不正なルート証明書をイン
ストールすると，不正な接続先を正規の接続先であると判断する危険性があ
ります。

　**MITB 攻撃への対策は，WEB ブラウザを使ったアクセスと別の方法で取
引情報の確認をするトランザクション認証が有効**です。たとえば，WEB ブ
ラウザを操作して処理完了する前に，スマートフォンなどに処理内容の通知
を行い，取引（トランザクション）の内容を確認し，実行します。

◎ 中間者攻撃

ユーザ　　　　　　　　　攻撃者　　　　　　　　サーバ

通信内容を
盗聴，改ざんする

ユーザは攻撃者が正規のサーバ，
サーバは攻撃者が正規のユーザだと思っています。
接続先を認証するためにデジタル証明書を利用する
ことが対策になります

◎ MITB 攻撃

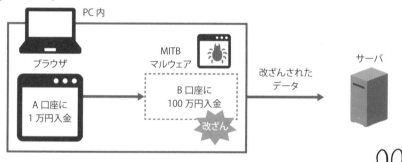

PC 内

ブラウザ　　　　　MITB
　　　　　　　　　マルウェア　　　　　　改ざんされた　　サーバ
A 口座に　　　　　B 口座に　　　　　　　データ
1 万円入金　　　　100 万円入金
　　　　　　　　　　　改ざん

サーバは正規のユーザからの通信を受信しているため，
不正な通信であることに気がつくのは難しいのです

📖 ワンポイント

SSL 復号機能

SSL 復号機能は中間者攻撃と同様の仕組みが利用されています。プ
ロキシサーバやファイアウォールで SSL 復号機能を利用すること
で，SSL の通信を監視することができます。

サイドチャネル攻撃

消費電力や電磁波などの物理的解析によって
情報取得する攻撃

　暗号化通信の解読には，プログラム的に解析する方法もありますが，物理的に解析を行って解読する方法もあります。

　サイドチャネル攻撃は，**ハードウェアの動作状況を物理的に観測することで暗号鍵などの情報を盗み見る攻撃**です。ハードウェアを壊すことなく，ハードウェアの消費電力，電磁波，エラー発生時のふるまいなどの情報を取得，解析することで暗号鍵などの情報を推測します。サイドチャネル攻撃は，PC などの機械に限らず，IC カードなども攻撃対象となります。

サイドチャネル攻撃の代表的な方法

　サイドチャネル攻撃には，いくつかの攻撃方法があります。タイミング攻撃は処理時間によって暗号内容や機密情報を推測します。

　電力解析攻撃は消費電力を計測し，処理内容に対する消費電力から機密情報を推測します。故障利用攻撃は意図的にエラーを発生させることで，エラー時の動作から機密情報を推測します。**これらの攻撃は処理に対する時間や挙動のばらつきをなくすことが対策**になります。

電磁波を取得する「テンペスト攻撃」

　テンペスト攻撃は，ディスプレイ，PC，ケーブルからの電磁波を取得することで，ディスプレイに表示されている画面や処理内容を解析する攻撃です。PC やケーブルから**発生する電磁波を遮断することが対策**になります。

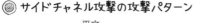
◎ サイドチャネル攻撃の攻撃パターン

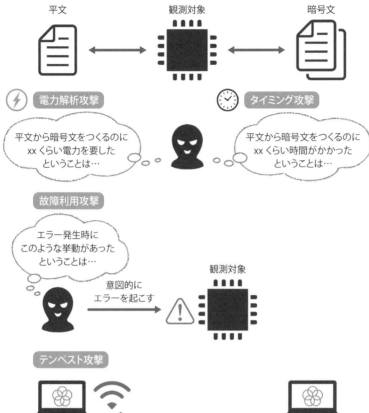

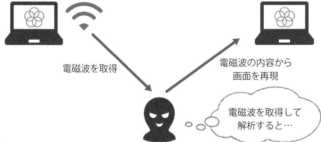

ワンポイント

サイドチャネル攻撃への対策

サイドチャネル攻撃は，解析対象の機器が攻撃者の手元にあると成功しやすくなります。したがって，機器の紛失防止対策や，大切な情報は端末内に保存しないというルール整備も，サイドチャネル攻撃への対策として挙げられます。

09 DNS アンプ攻撃と DNS 水責め攻撃

DNS を利用した代表的な攻撃手法

　DNS はトランスポート層に UDP を利用する仕様であることに加え，コンテンツ DNS サーバは外部に公開するサーバであるため，攻撃対象となりやすいプロトコルです。

DNS アンプ攻撃（別名 :DNS リフレクタ攻撃）

　DNS アンプ攻撃は，送信元の IP アドレスをターゲットに偽装して DNS サーバに要求を送り，応答をターゲットに送りつける攻撃です。DNS の通信は要求に対して応答のデータが大きくなる特性があり，攻撃者は効率的にターゲットに負荷をかけることができます。

　なお，「アンプ」は増幅という意味です。小さい要求の通信が増幅されて，大きい応答の通信が発生する特徴を表しています。

DNS 水責め攻撃（別名 : ランダムサブドメイン攻撃）

　DNS 水責め攻撃は，**標的のコンテンツ DNS サーバに，存在しないサブドメイン名を問い合わせることで負荷をかける攻撃**です。

　攻撃者は攻撃対象のドメイン（例 :masaru.co.jp）に，ランダムなサブドメインをつけ加えて（例 :aaa.masaru.co.jp）問い合わせを行います。キャッシュ DNS サーバは情報をキャッシュしていないため，ターゲットドメインのコンテンツ DNS サーバに問い合わせをします。すると，コンテンツ DNS サーバは不必要な応答を強制されます。ランダムなサブドメインという不必要な問い合わせを膨大に送りつけることで，攻撃対象のコンテンツ DNS サーバの負荷を高めます。

◎ DNS アンプ攻撃

攻撃者

①送信元 IP アドレスを攻撃対象に
偽装して問い合わせを行う

公開されている
キャッシュ DNS サーバ

②攻撃対象に応答する

③身に覚えのない通信で
負荷が高まる

攻撃対象
のサーバ

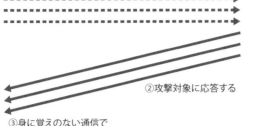

DNSは要求の通信より応答の通信のほうが大きいため，
攻撃者は小さい要求で大きい応答を攻撃対象に
送りつけることができます

◎ DNS 水責め攻撃

攻撃者

aaa.masaru.co.jp は？
bbb.masaru.co.jp は？
ccc.masaru.co.jp は？
……

キャッシュ
DNS サーバ

aaa.masaru.co.jp は？
bbb.masaru.co.jp は？
ccc.masaru.co.jp は？
……

攻撃対象ドメインの
コンテンツ DNS サーバ

①存在しないサブ
ドメインに対して
問い合わせを行う

②キャッシュされていないので
コンテンツ DNS サーバに
問い合わせる

③コンテンツ DNS
サーバの負荷が
高まる

 ワンポイント

DNS を利用する攻撃への対策

キャッシュ DNS サーバがオープンリゾルバ（外部からの DNS 問い
合わせを受け付ける状態）になっていると，攻撃に悪用されてしま
う可能性があります。管理しているキャッシュ DNS サーバがオー
プンリゾルバになっていないか確認することが大切です。

10 ソーシャルエンジニアリング

人間の心理的なスキや行動を狙った攻撃で，
機械を騙すより簡単とされる

ソーシャルエンジニアリングは，**人間の心理的なスキや行動を狙った攻撃**です。人間は思い込み，油断，不注意などによって機密情報を漏らしてしまう可能性があります。

代表的な5つの手法

ショルダーハックは，攻撃者がユーザの背後からIDやパスワードの情報を盗み見る手法です。ディスプレイに盗み見防止フィルタを貼る，重要な情報を入力する際はまわりに人がいないことを確認する，などが対策になります。

スキャベンジングは，ゴミ箱から機密情報を取得する手法です。高機能なシュレッダーを利用して復元できないようにする，専門業者に処理を依頼することが対策になります。

電話を利用する手法は，上司やシステム管理者，または警察などを装って電話をかけて機密情報を聞き出す，といったものです。あらかじめ「電話ではパスワードなどの重要な情報を伝えない」というルールを決めておくことが対策になります。

警告詐欺は，偽の警告画面を表示して不安をあおり，攻撃者が用意した偽のサポートセンターへの入電を促したり，偽のセキュリティ対策サイトに誘導する手法です。正規のセキュリティ画面を周知すること，不安をあおって操作を急かす警告画面は偽の警告画面であると教育することが対策になります。

盗み聞きは，公共の場所で会話を盗み聞きする手法です。攻撃者は会話を盗み聞きして，機密情報を取得します。「重要な打ち合わせは公共の場所では行わない」というルールを決めることなどが対策になります。

◎ ソーシャルエンジニアリング

　　機械を騙すのは
難しい　←　　→　人間を騙すほうが
簡単　

◎ ソーシャルエンジニアリングの手法

ショルダーハック

　←　背後から
盗み見る　

スキャベンジング

　←　ゴミ箱から
機密情報を取得する　

電話

　←　機密情報を
聞き出す　

警告詐欺

　←　偽サイトに
誘導する　

盗み聞き

　←　盗み聞きする　

ワンポイント

ソーシャルエンジニアリングによる情報収集

標的型攻撃を行うためには情報収集が必要です。攻撃者はソーシャルエンジニアリングによって情報収集を行い，標的型攻撃に利用します。ソーシャルエンジニアリングへの対策は，標的型攻撃の対策にもつながります。

11 フィッシングとスミッシング

なりすましサイトに誘導して機密情報を
盗み取る攻撃手法

攻撃者はさまざまな手法でなりすましサイトへ誘導します。

メールでなりすましサイトに誘導する「フィッシング」

フィッシングは，**メールでなりすましサイトに誘導して機密情報を盗み取る手法**です。攻撃者はなりすましサイトに誘導するために，フィッシングメールを利用します。たとえば，有名ショッピングサイトからのメールを装って「不正利用を止めるために，至急ログインして利用状態を確認してほしい」という内容のメールを送り，記載されたリンクからなりすましサイトに誘導します。

フィッシング対策としては，メールに記載されているリンクを利用せず，信頼できる WEB ブラウザを使って検索を行い，目的の WEB サイトを利用する方法などが挙げられます。

また，ブラウザやセキュリティ対策ソフトには，フィッシングサイトを検知すると警告画面を表示するものがあります。適切に検知できるように最新のセキュリティパッチを適用しておくことで被害を防げます。

SMS で機密情報を盗み取る「スミッシング」

スミッシングは，**SMS でフィッシングサイトに誘導して機密情報を盗み取る手法**です。典型的な例として，宅配便業者や通信事業者になりすましたSMS を送るスミッシングの事例が多く報告されています。対策としては，「身に覚えのない SMS は無視する」「SMS に記載されているリンクを利用せず，信頼できる WEB ブラウザから情報を検索して WEB サイトにアクセスする」といった方法で被害を防げます。

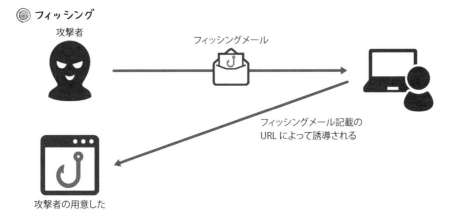

◎ フィッシング

攻撃者

フィッシングメール

フィッシングメール記載の
URL によって誘導される

攻撃者の用意した
なりすましサイト

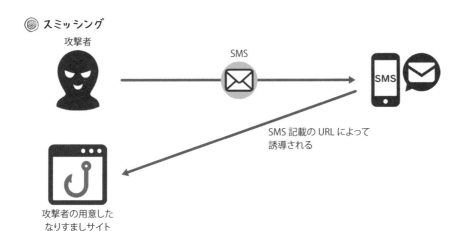

◎ スミッシング

攻撃者

SMS

SMS 記載の URL によって
誘導される

攻撃者の用意した
なりすましサイト

ワンポイント

フィッシングの脅威

「情報セキュリティ10大脅威 2023」の個人部門において，フィッシングによる個人情報などの詐取は1位に選出されています。その背景には，フィッシングメールの巧妙化が挙げられます。これまでは不自然な文面からフィッシングメールだと気づけましたが，近年は本物のメールと見分けがつかないほど巧妙なメールを利用したフィッシングメールが存在します。

12 ARP ポイズニング

IP アドレスと MAC アドレスの
対応関係を改ざんする攻撃

ARP は，IP アドレスから MAC アドレスを調べるプロトコルです。要求に対して最も早く届いた応答を ARP テーブルに登録する仕様になっています。この仕様を悪用することで，**攻撃者は正規の応答よりも早く不正な応答を届けて ARP テーブルを不正につくり上げ（汚染），不正な通信先に誘導**します。

この手法は ARP ポイズニング（別名：ARP キャッシュポイズニング，ARP スプーフィング）といわれます。

ARP ポイズニングの攻撃の流れ

ARP テーブルは，IP アドレスと MAC アドレスの対応関係を管理しています。ARP テーブルが ARP ポイズニングにより不正に書き換えられると，攻撃者による中間者攻撃が成立する可能性があります。

例として，攻撃者がターゲット PC とサーバ間で中間者攻撃をするために ARP ポイズニングを利用する場合，攻撃者はターゲット PC の ARP が届く範囲で ARP の発生を待ち受けます。ターゲット PC からサーバに対する ARP 要求が発生した際，攻撃者の端末は自身がサーバであると偽って ARP 応答を返答します。そして，サーバには自身がターゲット PC であると偽って ARP 応答を送ります。

この攻撃が成功すると，ターゲット PC とサーバの**両者で ARP テーブルが不正に書き換えられ，ターゲット PC とサーバ間の通信は攻撃者を経由して行われる**ことになり，攻撃者は通信の中間に入り込むことでデータの盗聴，改ざんなどができるようになります（攻撃者がマルウェアを利用して攻撃対象の ARP テーブルを強制的に書き換える場合もあります）。

◎ ARP ポイズニング

通常時

ARP テーブルで管理している IP アドレスと MAC アドレスの対応が適切

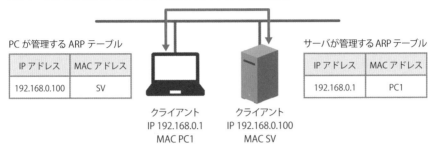

PC が管理する ARP テーブル

IP アドレス	MAC アドレス
192.168.0.100	SV

サーバが管理する ARP テーブル

IP アドレス	MAC アドレス
192.168.0.1	PC1

クライアント
IP 192.168.0.1
MAC PC1

クライアント
IP 192.168.0.100
MAC SV

ARP ポイズニング実行時

攻撃者はクライアントとサーバの ARP テーブルを
不正に書き換える

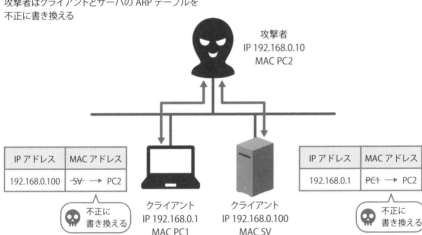

攻撃者
IP 192.168.0.10
MAC PC2

IP アドレス	MAC アドレス
192.168.0.100	~~SV~~ → PC2

不正に書き換える

IP アドレス	MAC アドレス
192.168.0.1	~~PC1~~ → PC2

不正に書き換える

クライアント
IP 192.168.0.1
MAC PC1

クライアント
IP 192.168.0.100
MAC SV

ワンポイント

ARP ポイズニングへの対策

ARP ポイズニングを防ぐ対策として，DAI（Dynamic ARP Inspection）という機能があります。DAI を利用することで，ARP メッセージの正当性を検証し，不正な ARP 通信を遮断します。また，認証機能などを利用して攻撃者をネットワークに参加させない仕組みをつくることも対策になります。

13 クロスサイトスクリプティング

WEB アプリケーションの脆弱性を狙った攻撃

クロスサイトスクリプティング（XSS）は脆弱性のある WEB サイトを使って，ユーザのブラウザで悪意のあるスクリプトを実行させる攻撃です。掲示板サイトやアンケートサイトなどが罠リンクを仕掛ける踏み台として利用されやすい傾向があります。

罠リンクから誘導する「XSS」

攻撃者は掲示板サイトに罠リンクを仕掛けたり，罠リンクを含むメールをターゲットに送信することで，脆弱性のある WEB サイトに誘導します。罠リンクには不正なスクリプトが含まれており，**罠リンクをクリックしたターゲットは脆弱性のある WEB サイトに移動すると同時に不正なスクリプトを実行します。**

その結果，ターゲットには偽の情報が表示されたり，スクリプトによってターゲットの Cookie の情報が流出する危険性があります。

XSS による被害が発生した場合，脆弱な WEB サイトを放置している管理者の責任が問われる場合があります。

エスケープ処理で対策する

XSS 対策としては，WEB サーバ側で意図しないスクリプトを実行しないように，**エスケープ処理**を行う方法が挙げられます。

エスケープ処理とは，HTML で特別な意味をもつ記号を，特別な意味をもたないように変換することです。特別な意味をもたない文字に変更することで，無害化（サニタイジング）できます。

◎ クロスサイトスクリプティングの流れ

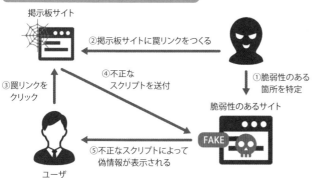

掲示板サイトから誘導して偽情報を表示させる例

掲示板サイト

②掲示板サイトに罠リンクをつくる

①脆弱性のある箇所を特定

脆弱性のあるサイト

③罠リンクをクリック

④不正なスクリプトを送付

⑤不正なスクリプトによって偽情報が表示される

ユーザ

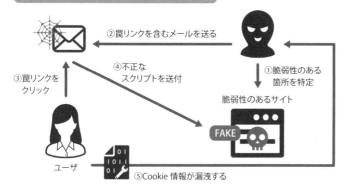

罠リンクを含むメールで誘導して Cookie を盗む例

②罠リンクを含むメールを送る

①脆弱性のある箇所を特定

③罠リンクをクリック

④不正なスクリプトを送付

脆弱性のあるサイト

ユーザ

⑤Cookie 情報が漏洩する

攻撃者は脆弱性のあるサイトを利用して攻撃します。WEBサイト管理者はエスケープ処理などを行い，不正なスクリプトを実行させないことが大切です

📖✏️ ワンポイント

クロスサイトスクリプティングの略は「XSS」？

クロスサイトスクリプティングのスペルは，cross-site scripting です。本来ならば「CSS」と略されるべきですが，WEBページで利用される「Cascading Style Sheets」の略語が CSS として使用されるため，クロスサイトスクリプティングは XSS と表記されるのが一般的です。

14 クロスサイトリクエスト フォージェリ

ログインしているユーザに意図しない操作を 実行させる攻撃

　クロスサイトリクエストフォージェリ（CSRF）は，罠リンクを利用するなどして，WEB サイトにログインしている状態の利用者に**意図しないリクエストを強制させる攻撃**です。

罠リンクを利用した攻撃

　攻撃者は，特定の WEB サイトに意図しないリクエストを送ってしまう罠リンクを掲示板サイトなどに投稿します。特定の WEB サイトの利用者がログインした状態で，罠リンクをクリックすると，意図しないリクエストが実行されます。

CSRF に有効な対策

　CSRF 対策は，WEB サイト終了時にログアウトを行ってログイン状態を維持しないことや，退会や設定変更などの重要な処理においては**攻撃者が予測できない認証情報を用いて認証する方法が有効**です。

　また，WAF の利用も CSRF 対策になります。CSRF による攻撃は，攻撃者が利用者のアカウントを乗っ取るわけではないので，直接的な被害は少ない傾向にあります。

　しかし，CSRF によりパスワードの変更が成功した場合などは，不正ログインされる可能性が高まり，被害が拡大するおそれがあります。

◎ クロスサイトリクエストフォージェリの流れ

③利用者が
WEBサイトAに
ログインした状態で,
罠リンクをクリック

②利用者が
WEBサイトA
にログインする

掲示板サイト　　　　利用者　　　　WEBサイトA

④罠リンクのスクリプトにより利用者のアカウントで
WEBサイトAに意図しないリクエストが送られる

⑤利用者の意図
しない処理が
行われる

①攻撃者が掲示板サイト
に罠リンクを用意

攻撃者

⑤の処理が発生する前に認証を
行うことでCSRFは防げます。
CAPTCHAによる対策も有効です

※CAPTCHAとは,人間による操作・入力で
あることを確かめるために行われるテスト

📖 ワンポイント

CSRF対策としての「CAPTCHA」

重要な処理を行う前に認証を行うことがCSRF対策になります。
CAPTCHAを利用して認証すれば,攻撃者が事前に認証情報を予
測することができません。本来CAPTCHAの仕組みはボットを判
断するために利用されますが,CSRF対策としても有効です。

15 ディレクトリトラバーサル

相対パスを使って非公開のファイルに
不正にアクセスする攻撃

　　ディレクトリトラバーサルは，**ファイル参照の仕組みを悪用して，管理者の意図しない処理をウェブアプリケーションに行わせる**攻撃です。機密情報のファイル閲覧，設定ファイルの変更などが行われる可能性があります。

ディレクトリトラバーサルの流れ

　　右図の例のように，管理者が /public/file を公開フォルダとして運用している場合，クライアントから A というファイル名をダウンロード対象として指定されると，ウェブアプリケーションは /public/file/ に対して A という情報を付加して /public/file/A というファイルパスを生成してダウンロードを行い，ユーザにファイルを送ります。

　　ディレクトリトラバーサルを利用する攻撃者は未公開のファイルにアクセスするために，たとえば ../../etc/passwd というファイル名を指定します。この要求を受け取ったウェブアプリケーションは /public/file/../../etc/passwd というファイルパスを生成します。**「../」は 1 つ上の階層に遡るという意味**をもっているため，2 つ上の階層に遡り，/etc/passwd のファイルをダウンロードして，非公開の passwd ファイルをユーザに送ってしまいます。

ディレクトリトラバーサル対策

　　ディレクトリトラバーサルに対しては，**ファイル名を直接指定する実装を避ける**ことが根本的対策になります。

　　また，ファイルに対するアクセス権を適切に設定することも対策になります。

◎ ディレクトリトラバーサル

フォルダの構成例

通常要求

/public/file に A を加えて
/public/file/A をダウンロード
ユーザに送る

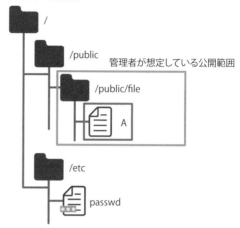

管理者が想定している公開範囲

フォルダの構成例

ディレクトリトラバーサルによる要求

/public/file に ../../etc/passwd を加えて
/public/file/../../etc/passwd をダウンロード
ユーザに送る

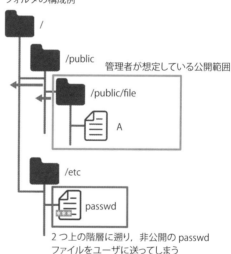

管理者が想定している公開範囲

2つ上の階層に遡り，非公開の passwd
ファイルをユーザに送ってしまう

ワンポイント

絶対パスと相対パス

ファイルへのアクセス経路を示す方法として，絶対パスと相対パス
があります。絶対パスは「フルパス」とも呼ばれ，対象のファイルへ
の経路を最初から最後まで完全に記載します。相対パスは現在のフ
ァイルを起点に，対象のファイルまでの経路を記載します。

16 パスワードクラッキング

パスワード情報を不正に調べる攻撃

　攻撃者は，**パスワードクラッキングを利用してパスワードの取得**を試みます。パスワードクラッキングの方法には，大きく**オンライン攻撃**と**オフライン攻撃**があります。

主なオンライン攻撃

　オンライン攻撃は**実際に稼働しているサーバに接続し，ユーザ ID やパスワードを調べる攻撃**です。代表的なオンライン攻撃としては，パスワードのすべての組み合わせを試す「ブルートフォース攻撃」，パスワードを固定してユーザ ID を変化させる「リバースブルートフォース攻撃」，辞書に記載されている単語からパスワードを推測する「辞書攻撃」，他のサイトで流失したユーザ ID とパスワードの組み合わせを試す「パスワードリスト攻撃」などが挙げられます。

　ブルートフォース攻撃や辞書攻撃は，アカウントロックアウトを設定すればログインの試行回数を制限できるため，比較的容易に対策できます。しかし，リバースブルートフォース攻撃はアカウントロックアウトでは対策できないので，接続元の IP アドレスなどの情報からログインの試行回数を制限する必要があります。

ファイルからパスワードを解析するオフライン攻撃

　オフライン攻撃は，**事前に取得したパスワードファイルなどを基に解析を行い，パスワードを調べる攻撃**です。多くの場合，パスワードファイルなどは流出に備えてパスワードの情報はハッシュ値に加工して保存しているため，解析してパスワードを調べる必要があります。攻撃者はハッシュ値をあらかじめリスト化するなどして，効率よくパスワードを調べようとします。

◎ オンライン攻撃

ブルートフォース攻撃

パスワードのすべての組み合わせを試す

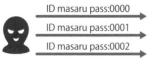
ID masaru pass:0000
ID masaru pass:0001
ID masaru pass:0002

リバースブルートフォース攻撃

パスワードを固定してユーザIDを変化させる

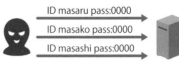
ID masaru pass:0000
ID masako pass:0000
ID masashi pass:0000

辞書攻撃

辞書に記載されている単語からパスワードを
推測する

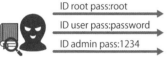
ID root pass:root
ID user pass:password
ID admin pass:1234

パスワードリスト攻撃

他のサイトで流失したユーザIDとパスワードの
組み合わせを試す

ID tanaka pass:tanaka123
ID yoshida pass:5in@man
ID sato pass:11Ateeth

◎ オフライン攻撃

パスワードをハッシュ化したリストから検索する

パスワードのハッシュ化リスト

パスワード	ハッシュ値
1234	81dc9bdb52d04dc20036dbd8313ed055
12345	827ccb0eea8a706c4c34a16891f84e7b
123456	e10adc3949ba59abbe56e057f20f883e

盗んできたパスワードファイルに
パスワードのハッシュ値
827ccb0eea8a706c4c34a16891f84e7b
と記載されているということは
パスワードは12345？

📖✍ ワンポイント

安全なパスワードとは？

IPAは安全なパスワードとして、「10文字以上の文字数で構成する」
「数字や記号を混ぜる」「大文字・小文字を混ぜる」「利用するサー
ビスごとに違うパスワードを設定する」ことを挙げています。

17 ソルトとストレッチング

パスワードファイルのデータベース解析を
困難にする対策

　パスワードなどの機密情報を平文で管理すると，ファイル流出時にパスワードの情報もそのまま流失します。そこで，パスワードはハッシュ処理を行い，ハッシュ値として管理することでパスワード自体の流出を防ぎます。

　しかし，攻撃者はよく利用されるパスワードとハッシュ関数の対応関係をあらかじめデータベースなどで管理することで，効率的にパスワードを解析しようと試みます。管理者は攻撃者が容易に解析できないように，ソルトやストレッチングを利用して**ハッシュ値のバリエーションを増やして管理を行い，パスワード解析を困難にします**。

パスワードの推測を困難にする「ソルト」

　ソルトとは，パスワードなどをハッシュ値へ変換するときに，パスワードに付与するランダムな文字列のことです。**ソルトを含めてハッシュ処理すると，同じパスワードでも，ソルトが異なれば別のハッシュ値として算出される**ため，パスワードの推測が困難になります。

「ストレッチング」を利用してセキュリティ強度を高める

　ストレッチングは，**ハッシュ処理を何度も繰り返すことでセキュリティ強度を高める方法**です。

　たとえば，平文のパスワードに対して1000回ハッシュ処理を繰り返します。機能向上によって，ハッシュ処理を1000回繰り返す程度であれば，わずかな時間で計算できます。一方，攻撃者は10回目のハッシュ値，100回目のハッシュ値，1000回目のハッシュ値なども解析対象とする必要があり，解析が困難になります。

◎ ソルトとストレッチング

ハッシュ処理のみ

password

| パスワード |
| ハッシュ関数 |
| ハッシュ値 |

5f4dcc3b5aa765d61d8327deb882cf99

対応関係から
パスワードがわかる

パスワード	ハッシュ値
password	5f4dcc3b5aa765d61d8327deb882cf99
abcde	ab56b4d92b40713acc5af89985d4b786
12345	827ccb0eea8a706c4c34a16891f84e7b

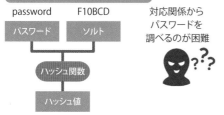

ソルトを含めてハッシュ処理する

password　　F10BCD

| パスワード | ソルト |

| ハッシュ関数 |
| ハッシュ値 |

535a0bf8e923d75343e2dde1426d7da0

対応関係から
パスワードを
調べるのが困難

パスワード	ハッシュ値
password	5f4dcc3b5aa765d61d8327deb882cf99
abcde	ab56b4d92b40713acc5af89985d4b786
12345	827ccb0eea8a706c4c34a16891f84e7b

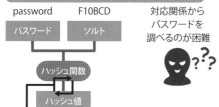

ストレッチングによりハッシュ処理を繰り返す

password　　F10BCD

| パスワード | ソルト |

| ハッシュ関数 |
| ハッシュ値 |

| ハッシュ値 |

d888585b5ce0552cf60b8fb2adac4552

対応関係から
パスワードを
調べるのが困難

パスワード	ハッシュ値
password	5f4dcc3b5aa765d61d8327deb882cf99
abcde	ab56b4d92b40713acc5af89985d4b786
12345	827ccb0eea8a706c4c34a16891f84e7b

ハッシュ関数での計算を繰り返すことで
よりセキュリティ強度を高められる

ワンポイント

ソルトとストレッチングの違い

ソルトは，パスワードのデータベース化などで事前に用意されたハッシュ値による解析を困難にする技術。ストレッチングは，解析時間を長くかかるようにしてパスワードの推測を困難にする技術です。

コラム 脆弱性体験学習ツール AppGoat

　脆弱性や攻撃手法を勉強するなら，表面的に知るだけではなく，しっかり動きを理解して勉強したいという方も多いのではないでしょうか？そのような方におすすめしたいのが AppGoat です。

　IPA（情報処理推進機構）が公開している脆弱性体験学習ツールAppGoat は，アプリケーション開発者やセキュリティエンジニアなどの情報セキュリティに携わる人々にとって，おすすめのツールです。AppGoat を利用することで，脆弱性の概要，対策方法など基礎的な知識を実習形式で学ぶことができます。

　このツールのすごいところは，脆弱性のあるアプリケーションを実際に攻撃できることです。攻撃者の視点から脆弱性を分析できるため，より実践的な知識を身につけることができます。情報処理安全確保支援士試験の受験対策の一つとして，ぜひこのツールを活用して，より高度なセキュリティ対策の勉強をすることをおすすめします。

※IPAサイト「脆弱性体験学習ツール AppGoatについて」
　https://www.ipa.go.jp/security/vuln/appgoat/about.html

第 9 章

注目の技術

攻撃の高度化によって,
さまざまな新しいセキュリティ技術が登場しています。
試験では新しい技術を取り上げた問題が
頻出しています。ここでは最近注目されている
技術について学んでいきましょう。

NOTICE

脆弱な IoT 機器を減らすための
国家プロジェクト

NOTICE（National Operation Towards IoT Clean Environment）は，総務省やインターネットプロバイダ（ISP）などが連携して，**サイバー攻撃に悪用される危険性がある機器を調査して注意喚起を行う取り組み**です。

調査から注意喚起までの流れ

調査対象は，日本国内のグローバル IP アドレスでアクセスできる IoT 機器（ネットワーク機器，Web カメラ，センサーなど）です。

悪用される危険性があると判断された端末の情報は，調査結果としてインターネットプロバイダに通知されます。通知を受けたインターネットプロバイダは利用者を特定し，電子メールや郵送などで注意喚起を行います。注意喚起を受けた利用者は NOTICE サポートセンターサイトなどの説明に基づき，パスワードの変更やファームウェアの更新などのセキュリティ対策を実施します。

「ポートスキャン」「特定アクセス行為」による調査

NOTICE では，国立研究開発法人情報通信研究機構（NICT）によって，ポートスキャンと**特定アクセス行為**を用いた調査を行います。まずは，ポートスキャンによって調査対象の IP アドレスで稼働しているサービスを確認します。

サービスから認証要求があった場合は，特定アクセス手法を試みます。**特定アクセス手法とは Mirai などの IoT ウイルスが利用する ID とパスワードの認証情報を利用して，認証されるか確認**する方法です。認証された場合，脆弱な認証情報が設定されている機器として，インターネットプロバイダに通知を行います。

◎「調査」から「注意喚起」までの流れ

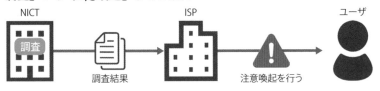

NICT　調査　調査結果　ISP　注意喚起を行う　ユーザ

◎調査手法

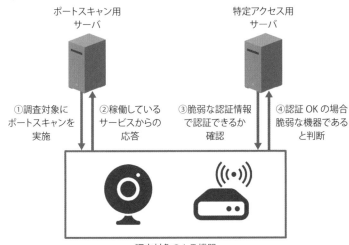

ポートスキャン用サーバ　　特定アクセス用サーバ

①調査対象にポートスキャンを実施

②稼働しているサービスからの応答

③脆弱な認証情報で認証できるか確認

④認証 OK の場合脆弱な機器であると判断

調査対象の IoT 機器

ワンポイント

NOTICE で利用するサーバの IP アドレスは公開されている

NOTICE の動きは IoT ウイルスと似た動作のため，セキュリティ製品が検知する可能性があります。NOTICE で利用するサーバの IP アドレスは公開されているため，NOTICE で利用する IP アドレスからのアクセスは検知対象外として設定すると，過剰な検知を減らすことができます。

デジタルフォレンジックス

法的なトラブルが発生したときに、
証拠になるデータを収集・調査・解析する

　デジタルフォレンジックスは、**法的なトラブルが発生した際に、証拠となり得るデータを収集、分析することで法的な信頼性を明らかにする手段、技術の総称**です。

　IPA が公開している「インシデント対応へのフォレンジック技法の統合に関するガイド」によると、デジタルフォレンジックスの手順は、「収集・検査・分析・報告」で構成されています。収集はデータの取得、検査は特に注目に値するデータの抽出、分析は検査結果の分析、報告は分析結果の報告です。収集と検査のフェーズでは、完全性を保護することが重視されています。そのため、ログの集中管理を行ったり、WORM（一度だけ書き込めるメディア：Write Once Read Many）を利用してログを保管したり、HMAC（ログの前後関係を保証する）を利用するなどして、ログの完全性を保護します。

信頼性の高い分析をするためには時刻同期が大切

　デジタルフォレンジックスにおいて、時刻情報は大切な要素です。**ログ分析時、各機器で時刻同期されていない場合、正確に分析することが難しくなります。**

ログの取得順序を決めておく

　インシデント発生時、ログ取得順序を決めておくことも大切です。原則としてキャッシュに記録されている情報など、**すぐに失われてしまう情報を優先してログを取得する**ようにします。その後、HDD に保存されている情報などを取得し、最後にアーカイブ用のメディアに保管されている情報などを取得します。

◎ ログの改ざん対策

WORM に記録する

HMAC を利用する

ログデータ	ハッシュ値	ハッシュ値の算出方法
ログ 0	hash0	hash0 は初期値
ログ 1	hash1	初期値 hash0 とログ 1 を連結, 秘密の鍵を組み合わせて hash1 を算出
ログ 2	hash2	前ログの hash1 とログ 2 を連結, 秘密の鍵を組み合わせて hash2 を算出

1つ前のログの情報を組み合わせてハッシュ値を残すので, ログの改ざん, ログの抜け, 順番の入れ違いに気がつける

◎ ログの取得順序

優先度
高

①メモリ上のデータ（すぐに消えてしまう可能性がある）

②HDD に保管されている情報

③アーカイブ用メディアに保管されている情報

優先度
低

◎ 過去問に挑戦

【問題】 ディジタルフォレンジックスに該当するものはどれか。

（出典：情報処理安全確保支援士試験 令和2年10月 午前Ⅱ 問13）

ア 画像や音楽などのディジタルコンテンツに著作権者などの情報を埋め込む。

イ コンピュータやネットワークのセキュリティ上の弱点を発見するテスト手法の一つであり, システムを実際に攻撃して侵入を試みる。

ウ 巧みな話術や盗み聞き, 盗み見などの手段によって, ネットワークの管理者や利用者などから, パスワードなどのセキュリティ上重要な情報を入手する。

エ 犯罪に関する証拠となり得るデータを保全し, 調査, 分析, その後の訴訟などに備える。

正解：エ

✏ ワンポイント

過去問に挑戦しよう

デジタルフォレンジックスの問題は, 2～3年に一度の頻度で出題されています。過去問ではディジタルフォレンジックスと表記されていることもありますが, 現在はデジタルフォレンジックスの表記に変更されています。

03 ブロックチェーン

暗号技術を用いて，取引記録を
分散的に処理・記録するデータベース

　ブロックチェーンは分散型台帳技術と呼ばれ，同一の台帳情報を個々のシステム内に保有します。これまでの中央集権型のシステムと違い，分散管理することで高い可用性を保証できます。

暗号資産の取引情報を管理する

　ブロックチェーンはデータベースの一種であり，暗号資産においては取引情報を管理します。

　取引はトランザクションとして管理され，いくつかのトランザクションが一つのブロックになり，ブロックチェーンの最後尾に追加されます。最後尾に追加するには認証が必要であり，直前のブロックのハッシュ値，ナンス（Number used once：検証に用いられる使い捨ての数値），管理したいトランザクションでハッシュ処理した結果，特定のハッシュ値になると認証され，最後尾に追加することができます。

　ブロックチェーンの各ブロックには，「トランザクションのハッシュ値」と「一つ前のブロックのハッシュ値」の二つのハッシュ値が存在します。二つのハッシュ値を計算に入れることで，ブロックの整合性を保証しています。

ブロックチェーンで改ざんに気づく仕組み

　仮に一度認証されたブロックを改ざんしたとします。そのブロックから算出されるハッシュ値は変更されるので，**整合性を揃えるためにそれ以降のブロックのハッシュ値も書き換える必要があります**。複数のブロックに対して整合性を確保しながら改ざんするのはきわめて困難です。

　また，情報は複数のコンピュータで管理されています。これらすべてに対して改ざんを行うのは難しいので，実質改ざんは不可能とされています。

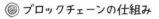

◎ ブロックチェーンの仕組み

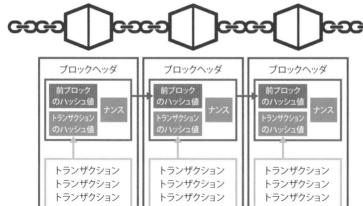

◎ 中央集権型と分散型

中央集権型

サーバで集中管理するため，サイバー攻撃を
受けたときにサービスが停止するリスクがある

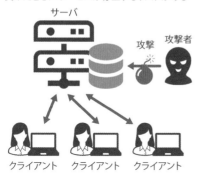

分散型

参加者で分散管理するため，一つのノードが
サイバー攻撃を受けても，サービスを継続できる

📖 ワンポイント

ブロックチェーン＝暗号資産専用の技術ではない

ブロックチェーンは暗号資産専用の技術ではありません。暗号資産
以外の使い方として，決済などの商取引や投票などにもブロックチ
ェーンの技術が利用されていることがあります。これからブロック
チェーンは普及していくとされており，注目の技術といえます。

ゼロトラスト

社内からのアクセスも，社外からのアクセスと
同様に信頼しないという考え方

　IPA は「ゼロトラスト導入指南書」，金融庁は「ゼロトラストの現状調査」を公開してゼロトラストについての説明を行い，国としてゼロトラストの導入を進めています。

　ゼロトラストは社内外すべてを「信用できない領域」として，すべての通信を検査し認証を行うという考え方です。これまではファイアウォールによってネットワークを区切って防御する境界型防御とは違い，すべてのデバイス，ユーザ，通信，ネットワークを監視し，認証・認可を行います。

ゼロトラストを実現するために必要なこと

　ゼロトラストはあくまで考え方であり，**特定の技術を取り入れればゼロトラストが実現できるというものではありません**。組織のセキュリティポリシーに合わせた技術を取り入れることで，ゼロトラストを実現します。

　現在，特に普及が進んでいる技術としては，テレワークによって管理者の目が届かなくなったクライアント端末を監視，不審なふるまいの検知や対処をする EDR，モバイル端末を管理するための MDM が挙げられます。

　IPA は導入指南書において，ゼロトラスト構成要素を公開していますが，すべての技術を取り入れなくてはいけない，ということではありません。

◎ ゼロトラストの構成要素

① CASB （Cloud Access Security Broker）	⑦ SASE （Secure Access Service Edge）
② CSPM （Cloud Security Posture Management）	⑧ SDP （Software Defined Perimeter）
③ EDR （Endpoint Detection and Response）	⑨ SWG （Secure Web Gateway）
④ EMM （Enterprise Mobility Management）	⑩ SOAR （Security Orchestration, Automation and Response）
⑤ IDaaS （Identity as a Service）	
⑥ IRM （Information Rights Management）	⑪ UEBA （User and Entity Behavior Analytics）

◎ ゼロトラストが注目される背景

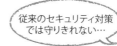

◎ 境界型防御とゼロトラスト

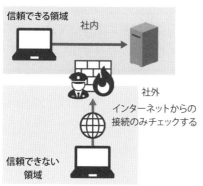

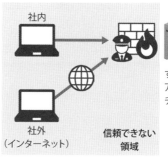

IAM と IAP

**IAM はアクセス権の制御，IAP は
アプリケーション間の通信を仲介する仕組み**

ゼロトラストの構成要素である IAM と IAP について理解しましょう。

ゼロトラストの根幹「IAM」

IAM（Identity and Access Management）はゼロトラストの根幹となる仕組みです。利用者情報の管理・認証を行い，アプリケーションやデータに対するアクセス権を制御します。

具体的には IAM は識別，認証，認可，ログ管理を行います。識別は，利用者ごとの ID 管理を行い，利用者を識別します。認証は，利用者の正当性を検証します。認可は，利用者ごとに許可されたアクセス権を付与します。ログ管理は，利用者ごとのアクセスログを管理します。従来 IAM は社内ネットワークにおいて利用されることが多かったのですが，現在はクラウド型 IAM の利用が普及してきています。

厳格なゼロトラスト環境を実現する「IAP」

IAP（Identity-Aware Proxy）は**ユーザの認証結果に基づいて，ユーザとアプリケーション間の通信**をコネクタを利用して仲介させます。アプリケーション単位で通信を制御できるのが特徴です。

厳格なゼロトラスト環境では，接続元が社内であっても，社内ネットワーク内の業務アプリケーションを利用する場合に，IAP を経由して業務アプリケーションを利用させます。

◎ IAM の役割

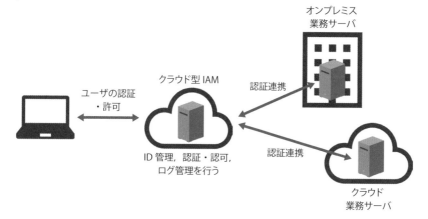

◎ IAP の役割

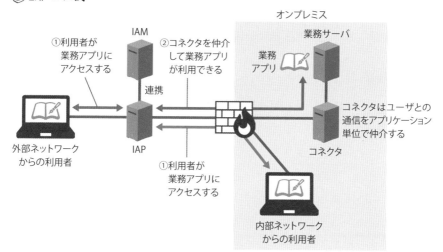

ワンポイント

VPN と IAP の違い

VPN はクライアントから特定のネットワークに対して接続するのに対し，IAP はクライアントから特定のアプリケーションに対して接続します。IAP のほうが接続先が限定されているため，VPN よりもセキュリティ強度を高くすることができます。

06 CASB

クラウドサービスの利用状況を管理・制御する
仕組み

　CASB（Cloud Access Security Broker）は，クラウドサービス
の利用状況を可視化および制御する仕組みです。

　従来はプロキシサーバによって利用状況を可視化して，許可していないク
ラウドへのアクセスを制御できました。しかし，テレワークの普及，クラウ
ドサービス利用の一般化などによって，管理者が許可していないクラウド
サービスの利用が問題になりました。そこで，CASBを利用して**クラウドサー
ビスの利用状況の可視化，利用制御，情報漏洩の防止**を行います。また，レ
ポート機能によって，管理者は迅速に異常や問題を特定することができます。

CASBの２つの種類

　CASBは，プロキシ型，API型の２種類に大きく分かれます。

　プロキシ型のCASBは，利用者端末に専用エージェントをインストール
して，プロキシとして動作させることでクラウドサービスの利用状況を管理，
監視します。

　なお，CASBはもともとクラウドへの通信を検査する製品として提供さ
れていたため，当初はプロキシ型のCASBがメインでした。しかし最近は，
クラウドサービスとAPIを使って連携できるAPI型CASBが登場しています。

　API型CASBは原則として，利用者はエージェントレスで利用できます。
企業が利用を認めているクラウドサービスと連携して利用状況を可視化し，
利用制限を行います。API型CASBはエージェントレスで手軽に導入でき
る反面，**連携できるクラウドサービス以外の利用状況は確認できません**。

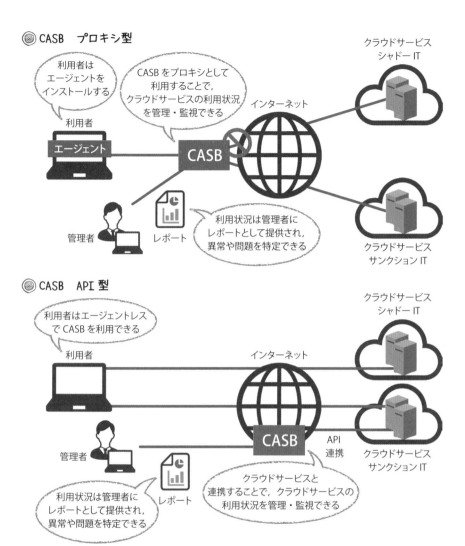

◉ CASB　プロキシ型

利用者はエージェントをインストールする

CASB をプロキシとして利用することで，クラウドサービスの利用状況を管理・監視できる

利用者

エージェント

CASB

インターネット

クラウドサービス
シャドー IT

管理者

レポート

利用状況は管理者にレポートとして提供され，異常や問題を特定できる

クラウドサービス
サンクション IT

◉ CASB　API 型

利用者はエージェントレスで CASB を利用できる

利用者

インターネット

クラウドサービス
シャドー IT

管理者

CASB

API
連携

クラウドサービス
サンクション IT

レポート

利用状況は管理者にレポートとして提供され，異常や問題を特定できる

クラウドサービスと連携することで，クラウドサービスの利用状況を管理・監視できる

ワンポイント

シャドー IT とサンクション IT

ユーザが管理者に知らせず，独自に利用している IT 機器やクラウドサービスなどのことをシャドー IT といいます。CASB を利用することによってシャドー IT の利用を可視化できます。反対に企業が利用を許可している IT サービスのことは，サンクション IT といいます。

SWG

WEBトラフィックのやり取りを監視し，
インターネット上の脅威から守る

SWG（Secure Web Gateway）は，インターネット上でプロキシのような機能をもち，**WEBサイトやクラウドサービスなどのWEBトラフィック全般のやり取りを監視することでインターネット上の脅威からユーザを守ります。**

SWGはインターネット上に存在するので，社内端末に限らず，リモートワーク端末からも利用できます。

SWGの3つの機能

SWGの主な機能は遮断，マルウェア対策，利用制御です。

利用者が不正なWEBサイトやクラウドサービスにアクセスしようとすると，その通信はSWGによって遮断されます。

また，サンドボックス機能があるSWGでは，サンドボックスの中でデータを動かして不審なふるまいを行わないかチェックし，マルウェアの侵入を防止できます。

さらに，WEBアプリケーションからアップロードを禁止するというような，利用者の特定の動作を制限できる場合もあります。

CASBとSWGの違い

CASBはクラウドサービスの可視化，利用制御に特化しており，クラウドサービスの通信を細かい精度で監視できます。しかし，CASBでは通常のWEBトラフィックは監視できません。CASBと**SWGを併用して，WEBサイトも含めたWEBトラフィック全般のやり取りを監視**させることで，よりセキュリティ強度を高められます。

◎ SWG の機能

◎ CASB と SWG の違い

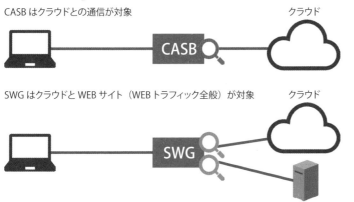

CASB の範囲はクラウドのみですが，
クラウドサービスの状況などを細かく監視できます。
SWG はクラウドだけでなく，WEB サイトの通信を
含んだ WEB トラフィック全般を監視できます

ワンポイント

DLP としての役割

SWG には，DLP（Data Loss Prevention）としての役割もあります。DLP の役割の一例として，ユーザが社外のサービスに機密情報の入ったファイルを送ろうとした場合，SWG は DLP の機能によりファイルのアップロードをブロックし，情報漏洩を防止します。

08 SIEM

あらゆるログを集めて，不審な動きを
ほぼリアルタイムで検出する仕組み

SIEM（Security Information and Event Management）は相関関係を基にログを分析し，不審な動きをほぼリアルタイムで検出する仕組みです。

さまざまな機器からログを収集し，相関関係を分析することにより，単一のログでは検出できない不審な動きを検出できます。

SIEM は昔からあるサービスですが，従来は SIEM を社内に導入するオンプレミス型が主流でした。

しかし，オンプレミス型 SIEM はログを収集・保管するための膨大なストレージが必要であり，そのストレージの確保が SIEM 導入の大きな壁になっていました。

しかし，近年ではクラウド型 SIEM が主流となっています。クラウド型であれば，利用状況に応じて柔軟にストレージを増減させることができるので，SIEM の導入のハードルは下がっています。

不審な動きをどのように検知するか

従来型のオンプレミス型と違ってクラウド型 SIEM は，ストレージを確保しやすくなったため **DNS サーバやネットワーク機器といった幅広い機器のログまで収集が可能になり，不審な動きをより多面的に解析できる**ようになりました。

検知ルールは，ユーザが設定する方法と，SIEM ベンダーがあらかじめ組み込んでいるルールを使う方法があります。

ただし，SIEM で行うのは検知までです。管理者は検知内容を確認して対応する必要があります。

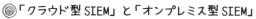

◉「クラウド型 SIEM」と「オンプレミス型 SIEM」

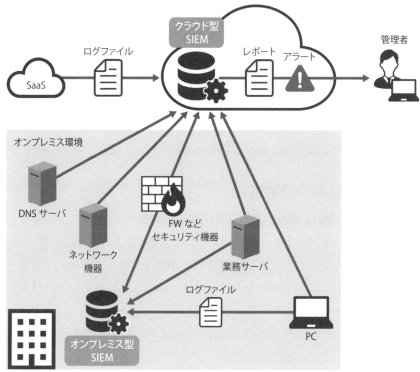

オンプレミス型はストレージ確保の理由などで，
特定の機器からのログに限定しています。
クラウド型 SIEM は柔軟にストレージを拡張できるため，
収集するログの範囲を調整しやすくなっています

ワンポイント

検知から対応までを自動化する SOAR

クラウド型 SIEM の登場によって SIEM 導入のハードルは低くなっていますが，
SIEM のアラートに対応できるセキュリティ担当者がいないという問題があります。
それを解決するため，SOAR（Security Orchestration, Automation
and Response）という仕組みがあります。これはプレイブック（手
順書）に則って検知から実際の対応までを自動化する仕組みです。
SOAR の利用によってセキュリティ担当者の負担を減らせます。

EDR

エンドポイント（端末）で不審な動きを
検知し，被害の広がりを防ぐ仕組み

　EDR（Endpoint Detection and Response）は，パソコンやサーバなどの端末で不審な動きをいち早く検知し，被害の広がりを防ぐ技術です。

EDR の主な4つの機能

　EDR の主な機能は検知，封じ込め，調査，修復です。

　検知機能は，イベントログからマルウェアの感染，攻撃の痕跡，疑わしいふるまいを検知します。封じ込め機能は，不審なプログラムを停止したり，ネットワークから隔離したりして，攻撃者の用意している C&C サーバとの通信を遮断することで被害を最小限にします。

　調査機能は，侵入に利用された脆弱性や感染経路，感染範囲を調べて，管理者に報告します。修復機能は，マルウェアによって改ざんされたレジストリ値の修復，感染原因になったファイルの削除，マルウェアが作成したファイルの削除などを行います。

ウイルス対策ソフトだけのセキュリティ対策は不十分

　従来のクライアント防御策は，ウイルス対策ソフトが主流でした。しかし，現在はマルウェアが多様化，高度化し，ウイルス対策ソフトによる検知は難しくなっています。さらにリモートワークなどにより，管理者の目が届かない社外ネットワークで端末を利用する機会が増えており，セキュリティリスクが高まっています。

　これまでのウイルス対策ソフトと管理対策では，十分なセキュリティ対策ができなくなっています。EDR を導入することで，**ウイルス対策ソフトでは検知できない不審な動きをいち早く検知し，対処することで被害を最小限に防ぐ**ことが期待されています。

◎ EDR の主な機能

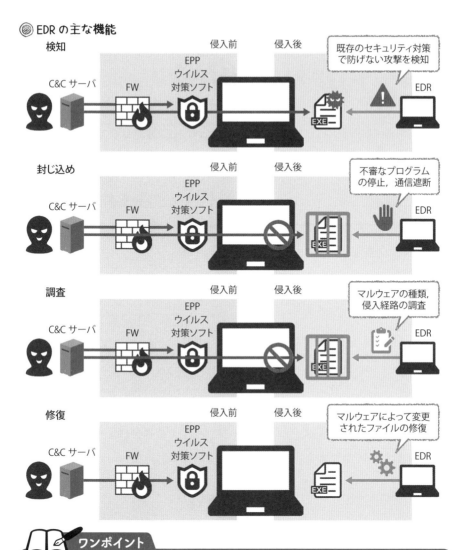

検知

C&C サーバ　FW　EPP ウイルス対策ソフト　侵入前　侵入後　EDR

既存のセキュリティ対策で防げない攻撃を検知

封じ込め

C&C サーバ　FW　EPP ウイルス対策ソフト　侵入前　侵入後　EDR

不審なプログラムの停止, 通信遮断

調査

C&C サーバ　FW　EPP ウイルス対策ソフト　侵入前　侵入後　EDR

マルウェアの種類, 侵入経路の調査

修復

C&C サーバ　FW　EPP ウイルス対策ソフト　侵入前　侵入後　EDR

マルウェアによって変更されたファイルの修復

ワンポイント

EDR と EPP の違い

EDR は, マルウェア感染後に感染を拡大させず, 被害を最小限にすることを目的にしています。EPP は Endpoint Protection Platform の略で, ウイルス対策ソフトなどを指します。EPP はマルウェアに感染させないことを目的に利用されます。しかし, どんなにすぐれた EPP であっても, マルウェアに感染する可能性を 0 ％にはできません。EDR によって, 感染後の被害を最小限にする対策が必要です。

YouTube って儲かりますか？

　YouTube で活動をしていると，「YouTube って儲かりますか？」という質問をいただきます。YouTube を始めて３年ほど経ち，登録者は４万人以上いますが……私のチャンネルに限っていえば，儲かっていません。現時点では YouTube の収益だけで生活することはできていません。

　それでも，私が YouTube で情報発信しているのは，誰かの役に立てるという貢献感もありますが，「YouTube がアウトプットの場所として最適だから」という理由もあります。ラーニングピラミッドという学習内容の定着率をまとめたデータがあります。その中で一番定着率が高かったのは「他の人に教える」という行動です。まさに，私がYouTube を通じて行っていることです。

　ぜひ皆さんも「他の人に教える」を実践してみてください。誰かと一緒に勉強している方は，お互いにアウトプットする時間をつくってみてください。一人で勉強している方は，自分自身に教えるつもりでアウトプットしてみてください。きっと「インプットするだけ」よりも学習内容の定着率が高まります。

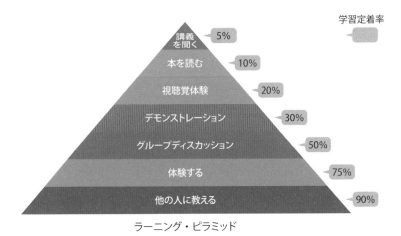

ラーニング・ピラミッド

おわりに

　最後まで読んでくださりありがとうございます。多くの方は本書の内容を
ひと通り読んでくださっていることだと思います。ようやくひと通り学ぶこ
とができたと思っているかもしれません。

　しかし，安心はできません。悲しいお知らせになりますが……本書の内容
だけでは，情報処理安全確保支援士試験の合格は叶いません。

　本書では，情報処理安全確保支援士試験の基礎知識を取り扱っています。
これからさらに，専門的な参考書を読んで，過去問を反復して，試験対策を
していく必要があります。

　試験に合格するには険しい道のりが続きます。日々勉強を重ねても進歩を
感じられない日があるかもしれません。しかし，勉強を続けることでしか，
合格することはできません。

　この本には，あなたを合格まで引っ張っていける大きな力はありません。
しかし，頑張るあなたの追い風となり，あなたの背中をそっと後押しできるく
らいの力はあると思います。地道な勉強を続けて，試験当日のプレッシャー
に打ち勝ち，あなたが情報処理安全確保支援士試験に合格して，貴重なセキュ
リティ人材として活躍されることを願っています。

　最後に，この本は私にとってはじめての書籍です。不安ばかりの執筆作業
でしたが，心優しくサポートしてくださった編集の風間さん，私の元上司で
快く校閲を引き受けてくださった柳下さん，いつも応援してくれるオンライ
ンコミュニティのメンバー，YouTube 視聴者の皆さん，本書に応援コメン
トをくださった左門至峰先生，たくさんの方のお力でなんとか形にすること
ができました。本当にありがとうございます。これからも成長したいエンジ
ニアの皆さんにとって，価値ある情報発信を続けていけるように頑張りま
す！

▼本書の内容に関連した動画はコチラ！

【ゼロからスタート】情報処理安全確保支援士対策（YouTube）

https://kdq.jp/5qfy6

※画像は関連動画のイメージです。

> ここからが本当のスタートです！
> 一緒にがんばりましょう！

まさる
「楽しく成長」をテーマに，ネットワークやセキュリティを中心に情報発信している教育系YouTuber。大学は文学部哲学科，在学中はバンドマンを志しており，まったくITに関わってこなかった。しかし，ITを勉強する楽しさに目覚めてからは，情報処理安全確保支援士試験，ネットワークスペシャリスト試験などに合格。
2020年から始めたYouTubeチャンネル「まさるの勉強部屋」は，2023年で登録者数4万人を達成。現在はYouTubeの活動だけではなく勉強会の開催，企業のIT研修などさまざまな活動を通じて，楽しく働けるエンジニアの育成に力を入れている。

校閲担当　柳下達也（NTTコムウェア株式会社）

ゼロからスタート!
教育系YouTuberまさるの
情報処理安全確保支援士1冊目の教科書

2023年9月26日　初版発行
2024年10月25日　再版発行

著者／まさる

発行者／山下直久

発行／株式会社KADOKAWA
〒102-8177　東京都千代田区富士見2-13-3
電話　0570-002-301(ナビダイヤル)

印刷所／株式会社加藤文明社

製本所／株式会社加藤文明社